陆羽十讲

史正江 余友枝 著

茶圣陆羽、《茶经》及茶道

lu yu shijiang

SPM 南方传媒 | 广东人民出版社

·广州·

图书在版编目（CIP）数据

陆羽十讲：茶圣陆羽、《茶经》及茶道 / 史正江，余友枝著. —广州：广东人民出版社，2022.3（2023.1重印）
ISBN 978-7-218-15497-8

Ⅰ. ①陆…　Ⅱ. ①史…　②余…　Ⅲ. ①茶文化—中国—古代　Ⅳ. ①TS971.21

中国版本图书馆CIP数据核字（2021）第255704号

LUYU SHIJIANG：CHASHENG LUYU、《CHAJING》JI CHADAO
陆羽十讲：茶圣陆羽、《茶经》及茶道
史正江　余友枝　著

出 版 人：肖风华

策划编辑：梁　茵
责任编辑：沈海龙　梅璧君
装帧设计：奔流文化　桂林广大迅风艺术
责任技编：吴彦斌　周星奎

出版发行：广东人民出版社
地　　址：广州市越秀区大沙头四马路 10 号（邮政编码：510199）
电　　话：（020）85716809（总编室）
传　　真：（020）83289585
网　　址：http://www. gdpph. com
印　　刷：三河市同力彩印有限公司
开　　本：787mm × 1092mm　1/16
印　　张：18.5　　字　　数：180 千
版　　次：2022 年 3 月第 1 版
印　　次：2023 年 1 月第 2 次印刷
定　　价：88.00 元

如发现印装质量问题，影响阅读，请与出版社（020-85716849）联系调换。

售书热线：（020）85716826

陆羽小像。来自《陆子茶经》

序言：热情拥抱茶的新时代

我与正江和友枝伉俪是武汉大学的同学，正江还是我的天门老乡，我比正江高一届，比友枝高两届，他们都称我为“大师兄”。同在京城，有了这样一层关系，我们自然就走得很亲很近。

一直以来，在我心目中，正江师弟是一个理论造诣很深的党建专家、文稿高手，曾在中央首脑机关工作多年，后担任中央企业领导职务，出版党建文集和专著多部，在政界、学界和企业界都有较高的知名度；友枝师妹也是一个很有思想、很有激情、很有作为的中央企业党建高管，特别是她朴实善良、热情大方、乐于助人，在老乡、校友和朋友圈都有良好口碑，天门人都叫她“友枝姐”。

2021年6月，当正江师弟将他们编撰的《陆羽十讲》书稿发给我并嘱我作序时，我感到十分震惊，因为我知道，他们都是哲学专业毕业的，又一直从事党建工作，从来就没有听说过他们对陆羽、对《茶经》、对茶道有过深入研究。而当我静心通读全书，掩卷覃思，终于找到了答案。

我既感佩他们的学养和功力，更感佩他们的责任和情怀。

这种责任和情怀，源于对故乡的挚爱

《陆羽十讲》开篇，他们就用诗一般的语言，热情讴歌了我们的故乡：“天门，是美丽富饶的江汉平原上一颗璀璨夺目的明珠，是源远流长的荆楚文化中一座傲然矗立的高峰。令天门人骄傲和自豪的是，在这片神奇的土地上，诞生过一位永放光芒的伟人，那就是被誉为茶仙、茶神、茶圣的唐代著名学者——陆羽。”接着，他们用较大的篇幅，介绍了天门的历史、地理、气候、物产等，特别是展示了底蕴厚重、特色鲜明的天门文化，呈现出石家河文化、陆羽文化、侨乡文化、“状元”文化、蒸菜文化、文学艺术等一张张靓丽的文化名片。

我经常讲，对于生我养我的故乡的热爱，是无条件的，是不需要理由的，不需要理由就是最大的理由。而对故乡的认识和宣传，则是需要强烈责任和热切情怀的。“人人都说家乡好。”对于正江和友枝来说，他们并没有停留在情不自禁地说一说、夸一夸这个层面，而是花费大量心血，作出比较深入的研究和全面的解读，这就把对故乡的爱，升华到一个更高的境界，确实是难能可贵的。

这种责任和情怀，源于对文化的坚守

中国是茶的故乡、茶文化发祥地。中华民族五千年文明画卷，每一卷都飘溢着清幽的茶香。说到茶文化，就不得不说中国茶文化的奠基人陆羽，就不得不说世界第一部茶叶专著《茶经》，因为“楚人陆鸿渐（陆羽）为茶论”，“于是茶道大行”，这是中国的骄傲、湖北的骄傲、天门的骄傲。然而，对这位伟大人物，对这部伟大著作，我们的学习、研究、宣传是远远不够的，与其崇高地位是极不相称的。我很认同正江和友枝的观点：就对人类文明发展和百姓日常生活的影响而言，茶圣陆羽与文圣孔子是同一个重量级、一样伟大的人物，但对这两位圣人的学习、研究和宣传则是很不一样的。对此，天门人有责任，湖北人有责任，中国人也有责任。

正江和友枝以强烈的责任感和使命感，在学习、研究、宣传陆羽和《茶经》上，做了大量基础性工作。他们认真考证了陆羽生平，全面介绍了《茶经》的成书、价值和影响，并对《茶经》释义版本等作了详细勘校。更为重要的是，他们从《茶经》文本出发，提出了陆羽茶道的四大核心理念，即“俭”“精”“雅”“乐”及其基本范式，指出这四大理念统一于“和”，茶和天下，阐述了陆羽茶道的传承发展和当代意义。这样，就把对《茶经》的解读，上升到文化的高度。文化兴国运兴，文化强民族强。陆羽茶道的创造性转化、创新性发展，一定能够在建设文化强国中发挥应有的作用。从这个意义上讲，正江和友枝所做的工作，是非常有价值的，确实是难能可贵的。

这种责任和情怀，源于对时代的认识

我也认同正江和友枝的另一个观点，就是在中国茶文化史上，陆羽所著《茶经》，及其所创造的一套茶学、茶艺、茶道，是一个划时代的标志，也就是说，《茶经》开启了一个茶的时代。随着中国特色社会主义进入新时代，随着我国社会主要矛盾的转化，随着创新、协调、绿色、开放、共享的新发展理念的贯彻，随着质量强国、品牌强国、健康中国和乡村振兴等战略的实施，茶的生产方式和消费方式发生重大转变，如发展方式由高速度增长转向高质量发展，生产方式由外延型增长转向内涵型增长，消费方式由注重物质消费转向注重健康消费和精神消费，消费模式由趋同型转向个性化等，茶也进入了一个新时代。

茶的新时代，一个重要特点，就是以习近平同志为核心的党中央对振兴茶产业、弘扬茶文化的高度重视。2020年5月21日，习近平主席向“国际茶日”系列活动致信祝贺，指出：茶起源于中国，盛行于世界。联合国设立“国际茶日”，体现了国际社会对茶叶价值的认可与重视，对振兴茶产业、弘扬茶文化很有意义。作为茶叶生产和消费大国，中国愿同各方一道，推动全球茶产业持续健康发展，深化茶文化交融互鉴，让更多的人知茶、爱茶，共品茶香茶韵，共享美好生活。（新华社北京2020年5月21日电，《习近平致信祝贺首个“国际茶日”》）这就表明了茶的中国立场、中国方案。

新时代要有新作为，最根本的就是要围绕人民日益增长的美好生活需要，统筹做好茶文化、茶产业、茶科技这篇大文章。做好茶文化的大文章，就是要深入挖掘茶文化蕴含的思想观念、人文精神、道德规范，结合时代要求继承创新，让茶文化展现出永久魅力和时代风采；做好茶产业的大文章，就是要把茶产业真正作为关系国计民生的支柱产业，作为物质文明与生态文明建设相结合的优先产业，不断提高产量、提高质量、提高效益；做好茶科技的大文章，就是要坚持茶科技自立自强，加快推进关键核心技术攻关，让科技为茶产业赋能。特别是“茶”的新时代需要茶文化的引领，需要回归茶文化的本来意义，正江和友枝力求把握时代脉搏，顺应时代要求，专注陆羽茶道的学习、研究、宣传，确实难能可贵。

更为重要的是，正江和友枝还在陆羽茶文化研究专家萧孔斌先生有关建议的基础上，围绕家乡“中国茶都”建设目标，提出了“一、二、三”的发展思路：“一”，就是兴办中国第一所陆羽茶学院，成为茶文化、茶产业、茶科技的人才培养基地。“二”，就是建设国际陆羽茶文化交流中心和国际茶叶交易中心，搭建两大平台。“三”，就是完善和兴建陆羽故里园、火门山茶叶体验观光园、东冈文化旅游产业园，这“三园”的所在地，分别是陆羽出生成长、拜师求学和潜心研究茶学的地方。我非常认同这个思路，也愿意为实现这个构想，作出自己的努力。

“茶”的新时代，与长寿时代是完全同步的。长寿时代是健康、长寿、富足引领经济社会发展的时代，是健康的时代、富足的时代，健康和富足构成了长寿时代的两个基本要素。

面对长寿时代，“泰康方案”是把虚拟的保险和实体的医养结合，为每个人提供全生命周期的健康、长寿、富足的服务体系，让每个人健康、长寿、富足，优雅一生。

茶是饮品、是健康、是生计，茶也是艺术、是文化、是传承，茶叶具有经济价值、社会价值、文化价值。

无论是健康观念，还是文化观念，泰康方案与茶文化的核心理念是高度一致的，“茶”的新时代，需要将“更健康、更长寿、更富足”的旗帜高高举起，满足人民日益增长的健康、长寿、富足等美好生活需要；健康文明生活方式和全民饮茶的兴起，更需要为老百姓特别是中老年人这个重要群体，提供“优质茶”“口粮茶”，让他们喝出健康、喝出优雅，这是“茶”的新时代的呼唤。

让我们热情拥抱这个“茶”的新时代吧！

是为序。

泰康保险集团创始人、董事长兼首席执行官

陈东升

2021年7月

目录

壹

第一讲

陆羽故里

天门县舆图。清代彩绘《湖广省图》天门及其附近地区，法国国家图书馆藏。

天门，是美丽富饶的江汉平原上一颗璀璨夺目的明珠，是源远流长的荆楚文化中一座傲然矗立的高峰。令天门人骄傲和自豪的是，在这片神奇的土地上，诞生过一位永放光芒的伟人，那就是被誉为茶仙、茶神、茶圣的唐代著名学者——陆羽。走进陆羽、走进《茶经》，解读陆羽、解读《茶经》，我们还是从陆羽故里、我们的家乡——湖北省天门市说起！

一、陆羽故里——关于“竟陵”“景陵”“天门”

茶圣陆羽，唐复州竟陵（今湖北天门）人。天门，因其境内西北有天门山而得名。经常有朋友问，天门的“天门山”，是不是李白名诗《望天门山》所指的“天门山”？因为“天门中断楚江开，碧水东流至此回。两岸青山相对出，孤帆一片日边来”描写的就是楚江之上天门山的景象。我们非常遗憾地告之，此“天门山”非彼“天门山”！大诗人李白笔下的天门山，位于今安徽省当涂县西南长江两岸。

早在原始社会晚期，在天门这块土地上就有人类繁衍生息。位于天门城区北郊的石家河遗址，不仅是原始社会晚期长江中游的特大型城址，也是当时整个区域的政治中心。石家河文化引领着长江中游文化向前发展，成为中华文明起源的重要区域。

天门的历史沿革比较复杂，如果作一般性的了解，特别是对与陆羽有关的地名作些了解，只需要弄清几个关键名称即可，如“竟陵”“景陵”“天门”“复州”等，因为陆羽乃复州竟陵人。天门，上古属风国，春秋时属郧国，战国时为楚竟陵邑。秦朝设置竟陵县，属南郡。“竟陵者，陵之竟也”，即山陵至此终止，也就是大洪山余脉到这里就结束了，进入到广袤的江汉平原。西汉时，竟陵县隶属江夏郡。新朝王莽将竟陵县改名守平县。东汉，复名竟陵县。隋开皇三年（583），竟陵县属复州所辖。五代时期，后晋天福元年（936），为避石敬瑭名讳（“敬”与“竟”同音），遂改竟陵县为景陵县，后汉复名竟陵县。北宋建隆三年（962），为避赵匡胤祖父赵敬之讳，再改竟陵县为景陵县，由湖北路复州所辖。清雍正四年（1726），为避康熙陵寝名（景陵）讳，改景陵为天门，“天门”一直沿用至今。

天门自古以来皆为重镇，自南齐建元元年（479）始，历隋、唐、五代、北宋、南宋，至民国二十五年（1936），天门先后七次为郡（州、专署）治所，相当于地级市政府所在地，共计五百余年。古竟陵区域广阔，包括荆州长江以北、石城以东、江夏以西的全部地域。从汉、晋、南北朝至北宋乾德三年（965）的一千一百多年间，竟陵县境先后划出设置云杜、霄城、长寿、角陵等县，北宋以后县境没有大的变化。

民国初期，天门县属湖北省襄阳道所辖。民国十七年（1928）废道，天门县为省直辖。民国二十一年（1932），为湖北省第六行政督察区所辖，行政督察专员公署设天门县城。民国二十五年（1936），改属第三行政督察区，行政督察专员公署设随县（今随州市），直至民国三十七年（1948）9月24日天门县城解放为止。

中华人民共和国成立后，天门县属荆州专区所辖，1970年荆州专区改称荆州地区。1987年8月，国务院批准撤销天门县，设立天门市（县级），仍属湖北省荆州地区管辖。1994年10月，经国务院批准，湖北省人民政府决定将天门市和潜江市、仙桃市实行省辖直管。至此，天门市成为全国最早设立的三个直管市之一，拥有地级市管理权限。2002年，湖北省人民政府将天门市纳入武汉城市圈。

天门位于湖北省中南部，江汉平原北部，为大洪山山前丘陵与江汉平原衔接地带，北靠大洪山，南依汉水，西扼荆宜，东临武汉，地势西北高，东南低，由西北向东南依次递减。最高点在佛子山顶端，最低点在天门东乡的多祥镇陈家洲，而天门东乡的最高处是松石湖与华严湖之间的东冈岭。汉江环绕市境南边而过，天门河、汉北河和皂市河贯穿天门腹部，东流入汉江。人工开挖的天南、天北、中岭和东风等渠道贯穿全市，境内还有星罗棋布的湖泊。

天门属于亚热带季风气候，具有光照充足、气候湿润、春温多变、初夏多涝、伏秋多旱、严寒期短的气候特点。天门物产资源丰富，农作物有棉花、稻谷、小麦、大豆、大麦、蚕豆、荞麦、粟、玉米、薯类、花生、芝麻、菊芋、苎麻、黄红麻、甘蔗、烟叶等。天门也产茶叶，陆羽曾在东冈岭种过茶，但量不是很大，且没有名茶。非常有意思的是，天门虽然没有出产名茶，但是诞生了一位茶学名人，且是世界级名人，这人就是茶圣陆羽。个中原因，我们将在后面进行解读。

二、文化之乡——关于天门文化的源流

前面我们已经讲过，天门是一座历史悠久的文化名城，是长江流域人类文明的重要发祥地，存积着大量的文物资源和人文遗产。天门是闻名全国的内地侨乡、文化之乡、蒸菜之乡和棉花之乡，还是茶圣故里、状元之乡、竟陵派文学发源地。世界文化名人茶圣陆羽，唐代诗人皮日休，明代竟陵派文学代表人物钟惺、谭元春和清代状元蒋立镛均诞生于此。天门文化底蕴厚重，特色鲜明，在楚文化中占有重要地位。源远流长的历史文化也繁育出异彩纷呈、具有浓郁地方特色的民俗文化。天门文化有诸多靓丽的名片，比如石家河文化、陆羽文化、侨乡文化等。

石家河文化

天门是楚文化的重要发源地。天门文化中最具代表性，也足以表明其悠久历史的，首推境内的石家河文化。

石家河遗址位于天门市石家河镇北郊，距市区约十一公里，遗址区占地面积约八平方公里，由四十余处遗址点组成。《石家河遗址简介》指出，石家河遗址“是长江中游地区已知的分布面积最大、保存最完整、延续时间最长、等级最高的新石器时代聚落遗址，在距今六千五百年即开始有人类居住生活，距今四千三百年左右达到鼎盛时期”。石家河遗址于1996年11月被国务院公布为“全国重点文物保护单位”。

天门籍文化学者甘海斌先生对考古学家考证石家河遗址的报

告作过认真研究，认为除了上面所讲的“四个最”（即最大、最完整、最长、等级最高）以外，还可得出三点结论：

第一，石家河遗址及由它命名的石家河文化代表了长江中游地区史前文化发展的最高水平，在中华民族文明起源与发展史上占有十分重要的地位，是三星堆文化、楚文化的重要源头。

第二，石家河遗址群先后发掘出的上千件玉器，如玉凤、玉佩、玉如意、连体双人头像、鬼脸座双头鹰等，距今已四千多年，造型别致，生动逼真，改写了中国玉文化的历史。此前，学术界公认史前玉器有两个高峰，一是辽宁的红山文化，一是长江下游的良渚文化。而石家河遗址发掘的玉器，其工艺水平超过红山文化和良渚文化，代表了当时中国乃至东亚琢玉技艺最高水平，代表了史前中国玉器加工工艺的最高峰。

第三，石家河中心聚落是一座古城，规模达一百二十万平方米。古城内部有明显的功能分区，包括手工作坊区、居民生活区、祭祀区和墓葬区等。这个群体在石家河文化早期呈现出一派繁荣的气象，是一个势力相当大的部落联盟组织，它不仅直接统治该聚落群体中的各个部落，而且在一定程度上控制半径百余公里的其他聚落，包括对荆门马家垸（城）聚落、石首走马岭（城）聚落的控制。因此，石家河古城是当时的区域政治、经济、军事中心和区域首领驻地，石家河聚落群是石家河文化时期江汉平原的统治中心，也是孕育中华文明的摇篮之一。

好一个“重要源头”，又一个“改写历史”“最高水平”“最高峰”，再加一个“统治中心”“摇篮”！读过甘海斌先生的这三段文字，你就可以知道，天门人的先祖究竟有多么伟大，天门的历史究竟有多么辉煌！

石家河遗址群于1995年起，先后进行过十余次系统考古挖掘。2017年4月12日，备受瞩目的“2016年度全国十大考古新发现”揭晓，天门石家河遗址作为新石器时代考古项目的代表成功入选，摘下了考古界的“奥斯卡金像奖”。同时，入选第三批国家考古遗址公园立项名单，荣获“世界考古论坛重大田野考古发现”奖，石家河遗址的保护利用上升为省级战略。

在这一讲接下来的述说中，我们还将引用甘海斌先生的一些观点、论述和诗文。

陆羽文化

说到天门文化，脑海里首先浮现的是一个伟大的人物——陆羽，也就是我们这本《陆羽十讲》的主人公。在这里，我们先对这位伟人作点简要介绍，后面将进行详细讲述。

陆羽，字鸿渐，复州竟陵人，唐代著名的文学家、历史学家、地理学家，中国茶文化的奠基人，被誉为茶仙，尊为茶圣，祀为茶神。陆羽是千百年来天门人的骄傲，天门人对陆羽充满无限景仰。陆羽有一首《六羡歌》，曰：“不羡黄金罍，不羡白玉杯。不羡朝入省，不羡暮入台。千羡万羡西江水，曾向竟陵城下来。”陆羽将《六羡歌》当成座右铭，不慕功名利禄，不为权贵折腰，依照本心生活，专注文章学问，成为在多个领域都有杰出成就的著名学者和文人。陆羽一生嗜茶，精于茶道，以著世界第一部茶叶专著——

《茶经》而闻名。

天门是陆羽故里、世界茶文化的发源地、中国茶文化之乡，陆羽是天门文化最大的品牌资源。人们说：自从陆羽生人间，人间相学事春茶。我们说：自从陆羽生人间，天门文化展新篇。天门市大力普及茶文化知识，推广品茶饮茶的风尚，把品茶饮茶、宣扬茶文化作为一种健康文明的生活方式，融入大众的生活理念。在弘扬茶文化的基础上，天门同步发展茶产业，编制了《天门市茶及茶文化产业发展规划（2014—2025年）》，着力打造一个集观赏茶基地、茶植物园、体验茶艺、茶生产、茶文化交流、茶产品交易、加工茶系列产品生产及加工于一体的“茶城”，已成为湖北省内首个“茶文化旅游示范区”。2015年11月，中国国际茶文化研究会举办“2015中国（天门）茶圣节”。天门市着手将陆羽茶道申报世界文化遗产。

侨乡文化

天门人智慧、勤劳、勇敢、务实，“敢为天下先”！从两百多年前开始，成千上万天门儿女下南洋、闯俄国，到中亚、赴欧洲，用血和泪闯出了一条条求生脱贫之路、创业兴业之路、对外交往之路，使天门成为中国内地最大的侨乡、全国著名的内陆侨都、湖北省重点侨乡。

天门华侨出国始于18世纪末，先后经历了北上（欧洲）时期、南下（东南亚）时期和新移民时期等。当年有许多天门人背井离乡，远涉重洋，到国外求生，大多是为了养家糊口，他们靠“耍三棒鼓”“打莲花乐”“拍渔鼓”“剪纸花”等独特技艺，落地生根。也有少数人因不满足于小富生活，怀揣梦想到国外寻求更大发展的。但他们有一个共同的特性，就是不畏艰难，敢闯敢干。据天门市地方志办公室研究人员介绍，中华人民共和国成立前，约有八万天门人远赴国外，现如今保守估计有近三十万天门籍华裔子孙侨居在海外四十多个国家。其中，于印度尼西亚和马来西亚分布最广。以干驿、马湾、横林、麻洋、小板人居多，涌现出了如李三春、鲁超、张德焕等众多知名人士，为世界政治、经济、文化、科技与和平友好事业作出了重要贡献，这也是值得天门人引以为豪并大书特书的。

改革开放后，在“出国大潮”的影响下，又有新生代天门人侨居国外，这批人以留学生为主，多在美国、欧洲和澳大利亚。可以毫不夸张地说，在国外有中国人的地方，肯定有天门人，而这些天门人往往还是精英，是挑头干事的。天门华侨为家乡、为祖国繁荣发展所作出的贡献将永垂青史!

旅居国外的侨胞十分关心、支持家乡建设，为祖国作贡献。侨居印尼的天门华侨曾捐献价值二十七万印尼币的物资，支持中国的抗日战争。周恩来总理生前曾多次到访东南亚国家，以天门华侨为首领组织的驻在国华侨联合会，是迎送的主力，为促进中国与旅居国友好关系的发展做了许多有益工作。几十年来，许多华侨怀着对祖居之地深深的眷恋回国游览观光，为家乡捐资建桥修路，开办学校，办厂兴业，对促进天门腾飞功不可没。侨胞鲁超还利用自己在联合国世界卫生组织任职的影响力，为我国在国际舞台上提升地位积极努力，受到国务院表彰。一些侨胞成为中国与驻在国文化沟通的桥梁和纽带。

在侨乡文化的熏陶下，“敢为人先、敢闯天下”的侨乡精神成为天门人对外开放、改革创新、创业致富的重要精神支柱。“天门人闯天下”，可与山东人闯关东、山西人走西口、广东人下南洋相提并论，成为展示中华民族自强不息、奋发进取精神的典范。

“状元”文化

天门是著名的状元摇篮，自古有“状元之乡”的美誉。明清两代共有进士、举人数百人。明代天门干驿陶家巷高官显宦之众，极一时之盛，时人称“一巷两尚书（户部尚书陈所学，礼部尚书魏士前），对面一天官（吏部尚书周嘉谟），座后一祭酒（国子监祭酒鲁铎），挂角有都堂（浙江巡抚尹应元）”。清代嘉庆十六年（1811）状元蒋立镛，其父蒋祥墀、其子蒋元溥、其孙蒋启勋、重孙蒋传燮皆中进士，“五代进士登鼎甲”，世所罕见。

中华人民共和国成立后，特别是1977年恢复高考制度后，天门连续多年夺得高考上线人数全国县市之冠，成为全国高考“状元县”。1984年，当代报告文学大家秦牧先生有一篇《天门县上了状元榜》在《人民日报》等多家报刊登载，把天门人重视教育、重视人才培养的“秘籍”昭告天下，引起了强烈反响。1993年，《人民日报》称颂“江汉才子出天门”。2000年，天门中学考生囊括湖北省高考理科第一、二名，《人民日报》又以《状元榜眼同出天门，状元之乡再创佳绩》为题，对天门教育作了专题报道。区区一个县级市，每年都向国家输送万儿八千大学生，而且很多都进入全国重点院校。恢复高考制度四十多年来，天门向大专院校输出的学生超过三十万人，人数位于全国县市前列。天门为国家人才培养作出了重大贡献！

有人说湖北人是“九头鸟”，天门人尚多一头。我们对天门历史名人知之不多，远的说不上，清代周树模为殿试一甲第五名进士，曾任黑龙江巡抚，北洋政府时期，曾两度担任平政院院长，因反对袁世凯称帝和军阀割据而两度辞职，其气节为世人所称道。还有，清代沈泽生任吏部主事、铨叙局局长，胡聘之任陕西、山西巡抚，胡乔年为翰林侍读；近代有沈鸿烈任民国海军总司令、青岛市市长、山东省主席。有李人林、史可全、王绍南、陈华堂、宋庆生、别祖后、杨虎臣等十四人成为中华人民共和国开国将军。如今我们生活在北京，所知党政军机关、高等院校、科研院所、大型企业，有一批天门人服务其中，有的还是单位的骨干，他们是天门人的杰出代表。

蒸菜文化

天门是享誉世界的“蒸菜之乡”，以天门蒸菜为标志的饮食文化，是天门文化的重要组成部分。

天门人好吃，会吃，吃得讲究，吃得舒爽。天门蒸菜，是湖北的传统名肴，属于鄂菜系。天门既不靠山，又不沿海，既无山珍野味，又无海鲜奇肴，却形成了以“取材普通，精工细作，滑而清爽，油而不腻，以蒸为主，求味本真，软糯适口，老少皆宜”为特征的蒸菜系列。

蒸菜的起源，据考证有近五千年的历史，最早可以上溯到石家河文化时期。几千年来代代相传，代有增益，天门蒸菜凭借厚重的饮食文化积淀、独特的风味和精湛的技艺，一直跻身鄂菜代表品种之列，其菜品之丰，技法之多，味型之广，在全国享有声誉。

天门蒸菜不仅流布于市井平民，也与寺院结缘。也许是蒸菜有着与生俱来的清淡，僧人非常喜爱。东晋高僧支遁（314—366）是佛教中国化时标志性人物，也是中国般若学创立者，他在天门驻足于西塔寺时，就对当地的蒸菜情有独钟。在他的影响下，蒸菜在寺院流行开来。民间传说，茶圣陆羽和他的恩师智积禅师，因长住于天门西塔寺，与寺院旁的荷湖朝夕相伴。他们喜食湖藕，特别在湖藕上寄情用功，烧制成了清新爽口的藕蒸菜。此后，藕蒸菜从寺院又传到了民间，并由素菜向荤素合蒸菜转移。

星月斗转，江河逐风。天门才子带着天门蒸菜游走四海，天门蒸菜也随着天门才子飘香天下。经过漫长的历史传承，在天门这个“楚文化发展的重要源头”，逐渐形成包括“素三蒸”“荤三蒸”“荤素混蒸”“八蒸”等技法及各种调料相佐的、完善的蒸菜制作体系，积淀起丰厚的天门蒸菜文化，使天门成为名副其实的“蒸菜之乡”。天门蒸菜最具代表性的是炮蒸鳝鱼，该菜又以天门干驿地区做得最佳。如今，“天门三蒸”——粉蒸、清蒸、炮蒸中，除了炮蒸外，其他两种方法，在天门几乎每个家庭都会做。可见“天门三蒸”名副其实。

2010年，天门荣膺全国首个“中国蒸菜之乡”的称号。2014年

5月，天门蒸菜在央视《舌尖上的中国》亮相；同年9月，天门蒸菜代表鄂菜入选国务院礼宾菜单。

文学艺术

天门的文学艺术，在古代有两座高峰，一是晚唐文学家皮日休。皮日休是天门人，他在茶学史上第一个提到陆羽的《茶经》，并写了一组咏茶诗歌《茶中杂咏》，我们将在后面作具体介绍。一是明后期的竟陵派。竟陵派为文学史上著名流派，以竟陵人钟惺（1574—1624）和谭元春（1586—1637）为代表人物，二人评选唐人诗，作《唐诗归》；又评选隋以前的诗，作《古诗归》，名扬一时，形成“竟陵派”，又称“竟陵体”或“钟谭体”。竟陵派认为公安派作品俚俗、浮浅，因而倡导一种“幽深孤峭”风格加以匡救，主张文学创作应抒写“性灵”，反对拟古之风。他们所宣扬的“性灵”，是指学习古人诗词中的“精神”，这种“古人精神”，不过是“幽情单绪”和“孤行静寄”；他们所倡导的“幽深孤峭”风格，指文风求新求奇，不同凡响，刻意追求字意深奥，由此形成竟陵派创作特点——雕琢字句、求新求奇、语言佶屈、艰涩隐晦。竟陵派文学理论在文学史上有很重要的意义，其提倡学古要学古人的精神，以开导今人心窍，积储文学底蕴，这与单纯在形式上蹈袭古风的做法有着很大的区别，客观上对纠正明中期复古派拟古流弊起到了积极作用。

天门人雅聚能吟诗，提笔能书法，屡见不鲜。清代熊士鹏、刘天民、张其英、胡子重、胡德增等，诗文书法名重天下。近当代文化人胡石庵、沈肇年、金焕模、邹荻帆、陈立德、冀舫、郑思、王士杰、蒋桂英等享誉中外。天门的民间艺术在江汉平原也是极为丰富的。天门花鼓戏、天门皮影戏、天门糖塑等民间艺术在江汉平原有着广泛的影响，其中天门民歌、天门渔鼓、天门歌腔、天门说唱、三棒鼓、莲花落等以其音乐旋律优美、曲调丰富、演唱不拘一格和富于变化，更是闻名全国。特别是天门花鼓戏作为本地剧种，虽然其方言土语走出江汉平原很少有人能够听懂，但天门人硬是把其传统剧目《花墙会》推到人民大会堂上演，并搬上银幕，现代剧《水乡情》也屡演不衰。

天门市于2010年12月被中国曲艺家协会授予全国首个“中国曲艺之乡”称号。2011年11月，天门市被命名为2011—2013年度“中国民间文化艺术之乡”。

2019年，在举国上下喜庆中华人民共和国成立七十周年之际，甘海斌先生发表了《钟灵毓秀竟陵城，心中最爱是天门》的诗文，其诗如下：

走过神州各地，
也到过欧美城市。
漂泊的游子哟，
即使长成大树，
也知道自己根在哪里！
不费思，不用想，
心中的天门最美丽。

吃过乡野土菜，
也尝过八方筵席。
奇怪的味蕾哟，
咋就藏着记忆？
不忘蒸菜之乡是故里！
品之切，心犹急，
妈妈的味道最神奇。

品过美酒佳酿，
也喝过咖啡雪碧。
天下的饮料哟，
品种难以统计，
却无疑要数茶是第一！
文学泉，茶经楼，
茶圣故里最美丽。

见过皑皑雪山，
也攀过五岳高地。
天然的山峦哟，
高耸入云不足奇，
看我棉花之乡起云垛！
不是吹，不用嫉，

座座银山最美丽。

哼过南腔北调，
也听过经典名曲。
天籁的乡音哟，
土得掉渣不嫌弃，
更有悠扬悦耳花鼓戏。
莲花落，渔鼓筒，
曲艺之乡萦梦里。

透过历史典籍，
了解楚文化源地。
史前的文明哟，
古老的群居部落，
石家河遗址占有一席。
玉环佩，陶泥俑，
良渚仰韶可一比。

万千硕士博士，
十余“两院”院士。
天门的学子哟，
考个名校不稀奇，
状元之乡是人才济济。

鸿渐风，竟陵派，
知者谁不伸拇指？

敢为天下人先，
勇当潮头弄潮儿。
赤子凭胆识哟，
硬是闯出新天地，
三十万同胞扎根五洲。
不沿边，不靠海，
侨乡之名冠中西。

难数故乡之美，
更难言荆楚神奇。
上下几千年哟，
回望历史了不起，
物华天宝人杰地灵矣！
观明天，展未来，
天门发展更美丽！

这组诗抒发了甘海斌先生对天门、天门人、天门文化的挚爱，也表达了众多天门籍游子的心声。

三、文化资源——关于陆羽文化的名胜

天门茶文化的核心资源、核心价值，无疑是陆羽撰写的《茶经》。《茶经》对有关茶树的产地、形态、生长环境以及采茶、制茶、饮茶的工具和方法等进行了全面的总结，是世界上第一部茶叶专著，对中国茶业和世界茶业作出了卓越贡献，对我国茶文化的发展产生了重大影响。对此，我们将在接下来的部分专门讲述。

天门还有不少与陆羽有关的遗迹。现天门市保存有一座"古雁桥"，传说是当年大雁庇护陆羽的地方。镇北门有一座"三眼井"，曾是陆羽煮茶取水的地方。井台旁边有一块后人立的石碑"唐处士陆鸿渐小像碑"，碑上刻着陆羽坐着品茶的情景，颇有韵味。陆羽亭建于清朝，后毁于战乱和野火。中华人民共和国成立后重建为双层木质结构，呈六角形，精巧典雅。置身其间，抚亭浥泉，品茗饮茶，令人流连陶醉。

陆羽故园位于天门中心城区的陆羽出生地西湖，建于1995年，以陆羽命名，以原西湖为依托，以陆羽在竟陵的生活轨迹为经，以陆羽丰富多彩的纪念名胜为纬，打造了一个陆羽文化群落，供中外游客游览参观和休息娱乐。占地面积约四十五公顷，其中三分之二为水面。一眼望去，只见湖水茫茫，碧波晶粼，湖光水色，风韵自然。湖中小道纵横交错，道旁垂柳婀娜，修竹婆娑，到处是鲜艳的夹竹桃，满地是盛开的鲜花。入夏，岸柳如烟，波纹如绫，荷似霓裳，莲若翡翠，真可谓满湖绿荷翻浪，枝枝玉莲生辉。

陆羽故园建筑以门侧建筑群、陆羽纪念馆和原《天门县志》记

载的西湖十景为主，除已建成的古雁桥、西塔寺、新开三舍、陆羽茶楼、涵碧堂外，其余桑苎庐、鸿门楼、鸳鸯池、陆子亭等景点也将陆续建于湖滨或湖中岛滨。以江南水乡民居青瓦粉墙的地方色彩为主调，使之有机联系起来，最终建成一个以陆羽公园为基地的纪念陆羽的名胜古迹保护区。

陆羽纪念馆位于西湖之滨，是一座以历史文化名人陆羽生平事绩为主题内容的具有古典园林特色的纪念博物馆，2009年被公布为全国爱国主义教育示范基地。馆址在陆羽故里——西塔寺原址重建，占地面积九千九百平方米，包括陆羽故居、纪念陆羽的古迹、陆羽茶事活动等建筑群。游览该馆，可以获得陆羽事迹和传说的许多信息。

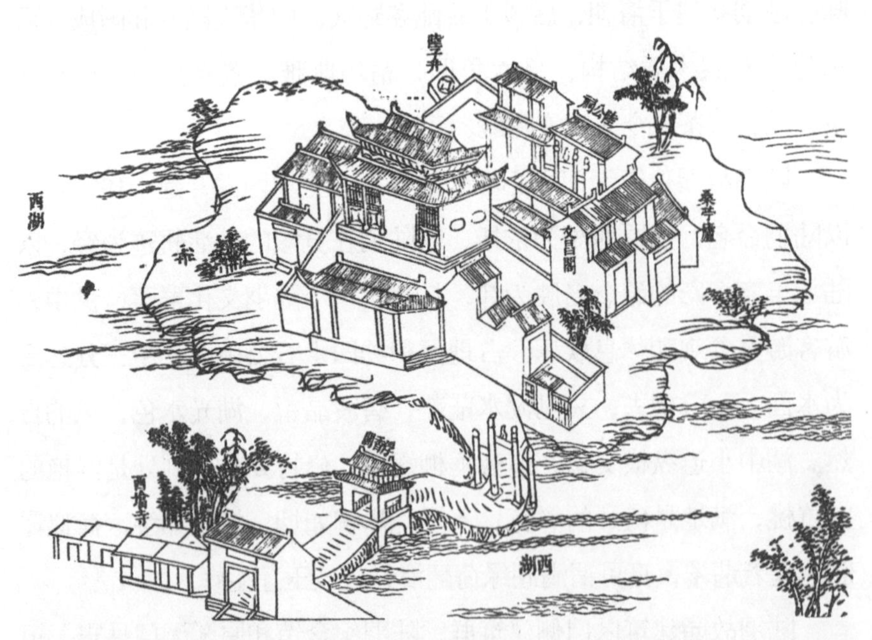

西塔寺图。选自道光《天门县志》。西塔寺在天门市西湖中覆釜洲上，东汉时称为龙盖寺，今在原址新建有西塔寺。唐诗赞云："竟陵西塔寺，踪迹尚空虚。不独支公住，曾经陆羽居。草堂荒产蛤，茶井冷生鱼。一汲清泠水，高风味有余。"（裴迪《西塔寺陆羽茶泉》）

贰

第二讲

陆羽生平

《陆羽点茶图》（局部），明代佚名摹绘，美国弗利尔博物馆藏。原是唐代阎立本《萧翼赚兰亭图》创作，历代有摹本。北宋人将其中一个摹本称为《陆羽点茶图》，故事背景是陆羽给积公、唐皇帝煎“渐儿茶”的传说。

《竟陵四景图》（局部），明代郭诩绘，武汉博物馆藏。

一、生平事迹

陆羽（733—805），字鸿渐，唐复州竟陵（今湖北天门）人，一名疾，字季疵，号竟陵子、东冈子（《唐才子传·陆羽传》记载为东岗子）、桑苎翁，又号茶山御史，是唐代著名的茶学家，被誉为茶仙，尊为茶圣，祀为茶神。

关于陆羽的生平事迹，历史资料比较丰富，最权威的是唐肃宗上元二年（761），陆羽二十九岁时所作的自传，现篇名为《陆文学自传》（下称《自传》），录存于《全唐文》。之所以称之为《陆文学自传》，是因为唐代宗李豫曾诏拜陆羽为“太子文学”。

【原文】

陆子名羽，字鸿渐，不知何许人也。或云字羽名鸿渐，未知孰是。有仲宣、孟阳之貌陋，相如、子云之口吃，而为人才辩笃信、褊（biǎn）躁，多自用意。朋友规谏，豁然不惑[1]。凡与人宴处，意有所适[2]，不言而去。人或疑之，谓生多嗔（chēn）。及与人为信，虽冰雪千里，虎狼当道，而不愆（qiān）也[3]。

上元初，结庐于苕溪之滨，闭关对书，不杂非类，名僧高士，谈宴永日。常扁舟往来山寺，随身惟纱巾、藤鞋、短褐、犊鼻[4]。往往独行野中，诵佛经，吟古诗，杖击林木，手弄流水，夷犹徘徊，自曙达暮，至日黑兴尽，号泣而归。故楚人相谓，陆子盖今之接舆也。

始三岁，惸（qióng）露[5]，育乎竟陵大师积公之禅院。自幼学属文[6]，积公示以佛书出世之业。子答曰：“终鲜兄弟，无复后嗣，染衣削发，号为释氏，使儒者闻之，得称为孝乎？羽将授孔圣之文可乎？”公曰：“善哉！子为孝，殊不知西方染削之道，其名大矣。”公执释典不屈，子执儒典不屈。公因矫怜无爱[7]，历试贱务：扫寺地，洁僧厕，践泥圬墙，负瓦施屋，牧牛一百二十蹄。

竟陵西湖无纸，学书以竹画牛背为字。他日，问字于学者，得张衡《南都赋》。不识其字，但于牧所仿青衿小儿，危坐展卷，口动而已。公知之，恐渐渍外典[8]，去道日旷，又束于寺中，令其剪榛莽[9]，以门人之伯主焉[10]。或时心记文字，懵然若有所遗，灰心木立，过日不作。主者以为慵惰，鞭之。因叹：岁月往矣，恐不知其书。呜咽不自胜。主者以为蓄怒，又鞭其背，折其楚[11]，乃释。因倦所役，舍主者而去。卷衣诣伶党[12]。著《谑谈》三篇，以身为伶正，弄木人假吏藏珠之戏。公追之曰：“念尔道丧，惜哉！吾本师有言：‘我弟子十二时中，许一时外学，令降伏外道也。’以我门人众多，今从尔所欲，可缉学工书。”

天宝中，郢人酺（pú）于沧浪道[13]，邑吏召子为伶正之师。时河南尹李公齐物出守见异，捉手拊背，亲授诗集。于是汉沔之俗亦异焉。后负书于火门山[14]邹夫子别墅。属礼部郎中崔公国辅出守竟陵郡，与之游处，凡三年。赠白驴乌帮牛一头，文槐书函一枚。白驴帮牛，襄阳太守李憕见遗；文槐函故卢黄门侍郎所与。此物皆已之所惜也。宜野人乘蓄，故特以相赠。

洎（jì）[15]至德初，秦人过江，子亦过江，与吴兴释皎然为缁（zī）素忘年之交[16]。

少好属文，多所讽谕。见人为善，若已有之；见人不善，若已羞之。苦言逆耳，无所回避。由是俗人多忌之。

自禄山乱中原，为《四悲诗》，刘展窥江淮，作《天之未明赋》，皆见感激当时，行哭涕泗。著《君臣契》三卷，《源解》三十卷，《江表四姓谱》八卷，《南北人物志》十卷，《吴兴历官记》三卷，《湖州刺史记》一卷，《茶经》三卷，《占梦》上、中、下三卷，并贮于褐布囊。

上元辛丑岁，子阳秋二十有九。

【注释】

[1] 朋友规谏，豁然不惑：接受朋友规劝和建议后，心情豁然开朗而不迷惑。

[2] 意有所适：自认为应该去别处或做别的事。

[3] 愆：延误、敷衍。

[4] 纱巾、藤鞋、短褐、犊鼻：指轻薄的手巾、藤皮编的鞋、粗麻织成的短上衣、形如犊鼻的围裙。

[5] 惸露：惸，同“茕”。没有兄弟且羸弱。

[6] 属文：连缀字句而写成文章。

[7] 矫怜无爱：大意是，因纠正溺爱，反而变得无怜爱。

[8] 恐渐渍外典：怕陆羽慢慢地沾染佛教以外的典籍。

[9] 榛莽：杂乱丛生的草木。

[10] 以门人之伯主焉：大意是叫弟子中年长的监管他。

[11] 楚：这里指抽打人用的荆条。

[12] 伶党：戏班，唱戏的同伙。

[13] 郢人酺于沧浪道：指郢地一带的人聚饮于水边洲地。竟陵分县置长寿县属郢州。沧浪道：《水经注》："（武当）县西北四十里汉水中，有洲名沧浪洲。"

[14] 火门山：因汉光武帝刘秀曾率兵举烛夜行经此，烛火烤红山石，故名，亦即天门山。

[15] 洎：及，至，到。

[16] 缁素忘年之交：缁：黑衣，僧众之服。素：白衣，俗人之服。即僧与俗、老与少结成的友好交情。

【译文】

陆先生名羽，字鸿渐，不知是哪里人。也有人说他字羽，名鸿渐，也不知道谁说得对。他的相貌像三国的王粲、晋朝的张载那样难看，说话时还像汉代司马相如和扬雄那样口吃，却才思敏捷，讲究诚信，性情急躁，还有些固执己见。要是朋友郑重地劝说，他心里明白，就不再固执己见。有时候他与人闲坐着，忽然想到有什么事情，不打招呼就离开，于是就有人说他气量狭小，容易动怒。可是，一旦与别人有所约定，就算是冰雪千里、虎狼挡道，也不会失约。

唐肃宗上元初年（760），陆羽在湖州的苕溪边搭间茅屋，读书写作。他不与无聊的人来往，而遇到志趣相投的名僧、隐士，却可以整日畅谈痛饮，不知疲倦。时常坐着小船往来深山古寺间，随身只带点简单的衣物。有时候独自行走在山野中，念诵佛经，吟咏古诗，时而用手杖敲打树木，时而用手指拨弄流水，流连徘徊，从早到晚，天快黑了，游兴尽了，才号啕大哭着回去。他的性情就是这样子，早先在家乡时，人们就说："春秋时，我们楚地就有一个叫接舆（姓陆，名通）的狂人，连孔子和楚王都不理不睬的，陆子恐怕就是现在的楚狂吧！"他们哪里能够真正懂得陆子的内心呢？

陆羽三岁就成了孤儿且身体羸弱，被竟陵龙盖寺的智积禅师收养在寺院里。九岁开始学习写作，积公（对智积禅师的尊称）向他传授佛经，讲授脱离世俗苦海的道理。他回答说："我本来就没有兄弟，如果出家为僧，也就不会有后代，在儒家看来，这是大不孝吧？我还是想学习儒家的经传，您看行吗？"积公说："你知道行孝，很好！不过，佛教的法力，可比儒教的大得多呢！"积公要求他研习佛经，陆羽执意要研习儒经，两个人僵持不下。积公觉得以前对他一味的溺爱，才使他这样任性，就开始要他做各种又脏又累的杂役：打扫寺院，清洁厕所，用脚和泥后涂抹墙壁，背着瓦片上屋顶检漏，还要负责去西湖放牧三十头牛。

他在竟陵西湖边没有纸笔练习写字，就用竹片在牛背上比画。有一天，他向一位学者问字，学者送给他一册张衡的《南都赋》。陆羽并不认识书上的字，就端坐在放牧的草地上，模仿学生读书的样子，其实也就是嘴巴动动罢了。积公得知这件事，担心陆羽受到佛经以外典籍的影响会越来越深，离佛法会越来越远，就把他关在寺里，叫他修剪灌木，清除杂草，还派一个年长的徒弟看管他。陆羽的心思都在书本上面，有时神情呆滞像丢了什么，心灰意冷，像根木桩，过了开工时间还不劳作。看管的人以为他懒惰，便用鞭子抽打他。陆羽心里叹息着：日子一天天过去，还是不能理解那本书啊！难过得抽泣起来。看管的人以为他怀恨在心，又抽打陆羽的后背，直到鞭子抽断才住手。陆羽因而厌倦这种被役使的生活，就逃离了年长的弟子。卷起衣服，投奔戏班。他写了三篇《谑谈》，自导自演，扮演木偶、假吏和藏珠这类滑稽戏。积公追来对他说："见你佛道尽丢，可惜啊！不过佛祖说过：'我的弟子每日十二个时辰中，允许用一个时辰了解佛教以外的知识，好让他去制伏旁门外道。'我弟子众多，现在顺从你的愿望去学习吧，戏就不要再演啦！"

唐玄宗天宝年间，郢地的人在沧浪道边大办宴会，地方官吏把陆羽找去，请他做戏班主角的老师。当时河南府尹的李齐物被贬为竟陵太守，惊见陆羽的才华，与他握手拍背，还亲自给陆羽讲授诗集。从此，汉水（即沔水）一带的百姓见了，也都觉得陆羽很神奇。热闹过后，陆羽背着书箧来到火门山邹夫子的别墅读书问业，又遇到被贬为竟陵司马的礼部郎中崔国辅，两人一见如故，倾心交往三年。崔郎中送给陆羽一头头白体黑、力大健行的牛，一枚文槐做的书套。这牛是襄阳太守李憕赠予崔国辅的；文槐书套，是已故黄门侍郎卢怀慎的故物。崔国辅都十分爱惜。可是它们更适合爱好游历的隐士骑坐和使用，所以特地送给陆羽。

到了肃宗至德初年（756—757），淮河流域的难民为躲避战乱纷纷渡过长江，陆羽也随之过江，辗转到了吴兴郡，与诗僧皎然结成僧俗忘年之交。

陆羽从小就爱写文章，针砭时事，劝人向善。看到别人做了好事，高兴得好像自己做了好事一样；看到别人做了错事，羞愧得像是自己做了错事一样。明知道忠言逆耳，却从不回避。因此招来很多人的忌恨。

安禄山在中原地区作乱，他写了《四悲诗》，刘展在江淮地区造反，他作了《天之未明赋》，这些都是社会动荡、百姓悲苦使他伤感之作，像是每走一步一把鼻涕一把泪水。陆羽还写过《君臣契》三卷，《源解》三十卷，《江表四姓谱》八卷，《南北人物志》十卷，《吴兴历官记》三卷，《湖州刺史记》一卷，《茶经》三卷，《占梦》上、中、下三卷，一起装在粗布袋里。

肃宗上元二年（761），先生年方二十九岁时作。

有人说，陆羽不应在文中自称为“陆文学”，同时《自传》中某些作品的著作年代应该在陆羽二十九岁以后，因而怀疑是后人伪托。朱自振先生在《陆羽著作补遗》一文中谈到，自己早先也曾怀疑过《自传》的真实性，但通过考证晚唐诗僧齐己的《过陆鸿渐旧居》一诗、明嘉靖《沔阳州志》等文献，认为“陆羽确曾写过《自传》，虽然现存的文章中掺附了许多杂质，但相信主体仍出自陆羽，当不致有误”，“与其否定它是陆羽所写，不如承认它是经过后人改动或掺杂的陆羽原作为好”。至于有些文章中出现的疑问，有学者认为，陆羽完笔后对《自传》进行了多次修改，或许是修改时增添，也有可能是《自传》在后来的抄录或整理等过程中造成的，这种现象在中国古代文献的传承中十分常见。

还有一件比较权威的史料，就是后人依据《陆文学自传》改写的《唐才子传·陆羽传》（以下简称《陆羽传》）。

【原文】

羽字鸿渐，不知所生。初，竟陵禅师智积得婴儿于水滨，育为弟子。及长，耻从削发，以《易》自筮，得《蹇》之《渐》曰：鸿渐于陆，其羽可用为仪。始为姓名。有学，愧一事不尽其妙。性诙谐，少年匿优人中，撰《谈笑》万言。天宝间，署羽伶师，后遁去。古人谓洁其行而秽其迹者也。

上元初，结庐苕溪上，闭门读书。名僧高士，谈讌终日。貌寝，口吃而辩。闻人善，若在己。与人期，虽阻虎狼不避也。自称桑苎翁，又号东岗子。工古调歌诗，兴极闲雅。著书甚多。扁舟往山寺，唯纱巾藤鞋，短褐犊鼻，击林木，弄流水。或行旷野中，诵古诗，裴回至月黑，兴尽恸哭而返。当时以比接舆也。与皎然上人为忘言之交。有诏拜太子文学。

羽嗜茶，造妙理，著《茶经》三卷，言茶之原、之法、之具，时号茶仙，天下益知饮茶矣。鬻茶家以瓷陶羽形，祀为神，买十茶器，得一鸿渐。初，御史大夫李季卿宣慰江南，喜茶，知羽，召之。羽野服挈具而入，李曰："陆君善茶，天下所知。扬子中泠水，又殊绝。今二妙千载一遇，山人不可轻失也。”茶毕，命奴子与钱。羽愧之，更著《毁茶论》。

与皇甫补阙善。时鲍尚书防在越，羽往依焉，冉送以序曰：“君子究孔、释之名理，穷歌诗之丽则。远墅孤岛，通舟必行；鱼梁钓矶，随意而往。夫越地称山水之乡，辕门当节钺之重。鲍侯，知子爱子者，将解衣推食，岂徒尝镜水之鱼、宿耶溪之月而已。”

集并《茶经》今传。

【译文】

陆羽，字鸿渐，人们不知道他的父母是谁。当初，竟陵的僧人智积在河边得到一个婴儿，就把他当作自己的弟子来养育。婴儿长大后，他不愿意跟从智积削发为僧，就用《易经》为自己占卜，卜得《蹇》卦中的《渐》卦，卦上说：“鸿渐于陆，其羽可用为仪。”他才用陆羽做自己的姓名。陆羽有学问，他只要有一件事没能做到尽善尽美，就会感到羞愧。他生性诙谐，少年时与优伶人混在一起，撰写上万字的《谈笑》。天宝年间，陆羽被官府任命为优伶的老师，后来他逃走了。这就是古人说的品行高洁而行迹污秽的人。

上元初年，陆羽在苕溪上修建了房子，闭门读书。还与有名的高僧和隐士相聚，整日聚餐聊天。陆羽相貌丑陋，说话结巴而善辩。他听到别人的美德，就像自己具有这种美德一样高兴。与别人约会，即使虎狼挡路也会如期前往。他自称桑苎翁，又号称东岗子。他精通古调歌诗，兴致极为安闲高雅，著书很多。他（时常）驾着小舟来往山寺间，仅头戴纱巾，脚穿草鞋，身着粗布短衣，腰系围裙，敲打着林间树木，戏耍着河中清流。他有时独行在旷野里，吟咏古诗，徘徊直到天黑，兴致尽了才痛哭着回家。当时的人们都把他比作楚狂人接舆。陆羽与僧人皎然是很要好的朋友。皇帝曾下诏任命陆羽为太子文学。

陆羽喜爱喝茶，创制了茶道的精微道理，著有《茶经》三卷，论述茶道的根源、茶道的方法、茶道的器具，被当时的人称为茶仙，天下人由此渐渐懂得喝茶了。卖茶的店家用瓷土陶制陆羽塑像，奉为神来祭祀，每买十件茶具，即送一具陆羽塑像。当初，御史大夫李季卿到江南任宣慰使，他喜欢喝茶，知道陆羽的名声，就派人召陆羽来。陆羽身穿农夫的衣服提着茶具进入衙门。李季卿说："陆先生精通茶道，天下人都知道。扬子江中南泠水又极为绝妙，如今二妙碰到一起，千载难逢，陆先生不能错过这个机会啊！"喝完茶，李季卿命令家奴付给陆羽茶钱。陆羽为此感到很羞愧，再著《毁茶论》一篇。

陆羽与皇甫补阙（即皇甫冉）交好，当时尚书鲍防在越中，陆羽前往依附他。皇甫冉写序送给他说："君子推究儒、佛的名理，穷尽诗歌的丽则。遥远的别馆，孤零的小岛，有船通行的地方就一定要去；拦鱼的木梁，钓鱼的石矶，心体随意前往。那越中之地是著名的山水之乡，军门又承担着朝廷节钺的重任。鲍侯（防）是了解先生、爱惜先生的人，会对先生解衣推食，倍加关照，先生此去怎能是仅仅品尝镜湖的鱼、赏若耶溪的月呢？"

陆羽的诗文集和《茶经》流传至今。

以《自传》和《陆羽传》为主要依据，参考名僧高士、文人墨客与陆羽交往留下的记录和地方志记载，以及专家学者有关陆羽研究的成果等，我们可以大体还原陆羽富有传奇色彩的生平事迹。

陆羽原是一个孤儿。唐玄宗开元二十一年（733），陆羽出生于复州竟陵（今湖北省天门市）。开元二十三年（735），陆羽三岁时，被竟陵龙盖寺住持僧智积禅师在竟陵西门外的西湖之滨得到。长期以来，有一个流行的说法，就是陆羽是被遗弃的婴儿，被智积禅师在西湖之滨捡到，主要依据是，《自传》有"陆子名羽，字鸿渐，不知何许人也""始三岁，惸露，育乎竟陵大师积公之禅院"之说；《陆羽传》也有"羽，字鸿渐，不知所生。初，竟陵禅师智积得婴儿于水滨，育为弟子"之说。我们认为，这些史料，只能说明陆羽是一个孤儿，不知道陆羽的父母是谁，以及智积禅师是在西湖水滨得到陆羽的，而不能由此推断陆羽是被遗弃的。问题的关键，是他人在西湖之滨送给智积禅师的，还是智积禅师在西湖之滨捡到的，《陆文学自传》和《陆羽传》并没有具体说明，如果是前者，就不是弃婴了。我们从上下文推断，如果说陆羽是孤儿，为好心人送给智积禅师养育，应该更为可信，因为在当时，将孤儿送给寺院养育是比较普遍的现象。还有一说，陆羽是因为相貌丑陋而被遗弃的，主要是从《自传》"有仲宣、孟阳之貌陋"推断而来的，这样的根据更加不足。

陆羽在黄卷青灯、钟声梵呗中跟随积公学文识字，习诵佛经，还学会煮茶等事务。但他不愿皈依佛法、削发为僧。开元二十九年（741），陆羽九岁，有一次智积禅师要他抄经念佛，他却问积公："终鲜兄弟，无复后嗣，染衣削发，号为释氏，使儒者闻之，得称为孝乎？羽将授孔圣之文可乎？"积公回答说："善哉！子为孝，殊不知西方之道，其名大矣。"积公让陆羽学习佛教经典的态度十分坚决，而陆羽学习儒家经典的决心又毫不动摇，于是就产生了激烈的冲突。有人认为，冲突的原因是陆羽桀骜不驯、藐视尊长，而积公又毫无怜爱之心。我们认为，这个看法值得商榷。冲突的真正原因，是陆羽的兴趣不在学习佛经。结果是，积公"矫怜无爱，历试贱务：扫寺地，洁僧厕，践泥圬墙，负瓦施屋，牧牛一百二十蹄"。"矫怜无爱"，不是矫正过去的错爱而变得毫无怜爱之心，而是改变怜悯抚爱的方法，内心深处还是怜爱的；"历试贱务"，目的还是逼迫陆羽学习佛经。而陆羽并不因此而屈服。他无纸学字，以竹画牛背为字，偶得张衡《南都赋》，虽并不识其字，却危坐展卷，念念有词。积公知道后，"恐渐渍外典，去道日旷，又束于寺中，令其剪榛莽，以门人之伯主焉"。

这里，我们想说说"以竹画牛背为字"。天门多水牛，小时候我们都放过牛。每当夏天和秋天的时候，牛毛比较稀少，用树枝、竹枝在牛背上划，可以得到白色痕迹。因此，"以竹画牛背为字"，只有亲身经历者，才有可能知道。看来，陆羽"牧牛一百二十蹄"还是有事实依据的。

当然，矛盾和冲突愈演愈烈。《自传》记载，有时候，陆羽心里记着书上的文字，精神恍惚像丢了什么一样，如木头站立，长时间不干活。看管的人以为他偷懒，就用鞭子抽打他。陆羽因此感叹说："唯恐岁月流逝，不理解书。"悲泣不能自禁。看管的人认为他怀恨在心，又用鞭子抽打他，直到鞭子折断才停手。这样的日子，直到陆羽十岁那年，也就是天宝元年（742），他乘人不备，逃出龙盖寺，流落江汉一带，后进了一个戏班子学演戏，作了优伶。他虽其貌不扬，又有些口吃，但却幽默机智，演丑角很成功，后来还编写了三卷本笑话集《谑谈》。

吉人自有天相，陆羽亦不例外。天宝五载（746），竟陵太守李齐物在一次州人聚饮中，看到了陆羽出众的表演，十分欣赏他的才华，当即赠授诗书，并于天宝六载（747）修书推荐他到隐居于火门山的邹夫子那里学习。天宝十一载（752），礼部郎中崔国辅被贬为竟陵司马。是年，陆羽揖别邹夫子下山。崔国辅与陆羽一见如故，结下厚谊，两人常一起出游，品茶鉴水，谈诗论文。也就是说，天宝六载至十一载（747—752），陆羽在火门山邹夫子那里学习五年后下山。下山之后陆羽居住于何处？有专家学者考证，天宝十一载至十四载（752—755），陆羽结庐隐居在远离竟陵县城的东冈岭，也就是"东冈草堂"，一边考察茶事，一边整理记录。那么，东冈岭又在何处？

我们查阅了有关资料，得出的结论是，东冈岭就是我们的家乡——天门乾镇驿以北的松石湖与华严湖之间的史家岭一带。据《沔阳州志》记载："东冈，在县东七十里，夹松石、华严二湖之间，陆羽尚居于此。"又乾隆三十年（1765），天门知县胡翼主修的《天门县志》说："东冈岭，陆子之所居也，位于松石湖畔""东乡有村曰乾镇（即现在的乾镇驿），民居栉比，贸易夥集，盖县四镇之一也……北行二里许有湖，周四十里，水澄如镜，日影中子，鱼螺蛤毕见。湖岸阜起似土山，西北尤隆耸，榆柳绿中，桃花作姿，掩蔽茆屋，真作图画观也……醉翁不可胜数”。“松石、华严二湖之间”，由断断续续的十余个岗岭组成，从西偏南到东偏北依次有朱家岭、新堰堤、史家岭、陈家岭、小黄家岭、大黄家岭、周家岭、邓家岭、九屋岭、林家岭、红水堰、沙嘴、曹家岭等，岭上树木茂密、花草丛生，这就是东冈岭。《史氏族谱》也有记载，史家岭位于东冈岭之上；松石湖“西北尤隆耸”的西北冈岭，正是史家岭，其“榆柳绿中，桃花作姿，掩蔽茆屋”，更为美丽，极有可能是东冈草堂所在地。

陆羽研究专家童正祥先生讲，天宝六载至十一载（747—752），少年陆羽在火门山学堂度过了五年光阴，完成了系统的“经典”学业，然后远离县城隐居于东冈岭。其间，因东冈岭地处水驿之滨，方便外出考察，亦便于与崔国辅游处；也因其环境安静，宜于整理出游所得，也就是整理品茶评水资料及实物样本。被学者称之笔记体的“茶记”，正是成书于这段时间。因此，从这个意义上讲，东冈草堂可以誉为“孕育《茶经》的摇篮”，东冈草堂使东冈岭成为茶圣故里的一方圣地。

天宝十一载（752），陆羽于火门山学堂结业后，结庐隐居东冈，即远行考察茶事，出游义阳（今河南信阳一带）和巴山峡川（巴山，泛指四川省东部，即今重庆地区和毗邻巴山的陕西南部一些地带；峡川，泛指湖北西部）。行前，崔国辅以白驴、乌帮牛及文槐书套相赠。一路上，他逢山驻马采茶，遇泉下鞍品水，目不暇接，口不暇访，笔不暇录，锦囊满获，特别是见到了特大的古茶树，往返于考察地与东冈岭之间，直到天宝十四载（755），整整三年。

天宝十五载、唐肃宗至德元载（756）夏天，安禄山叛军进逼长安，玄宗逃往四川，陆羽悲愤之下作《四悲歌》。他加入难民队伍逃到长江以南并顺江东下，先到了鄂州（治所在今武昌），结识刘长卿。行至黄州（今黄冈市）时，听到智积禅师圆寂的消息，不胜悲痛，感念积公养育之恩，作《六羡歌》。至德二载（757），漂泊到蕲州蕲水县（今浠水县），又分别到过洪州（今南昌市）、江州（今九江市）的庐山、彭泽，再迁徙到江苏的延陵县（今江苏丹阳市延陵镇），游历江苏升州（今南京市）、扬州、润州（今镇江市）、常州等地，沿途访问茶区和寺观，采茶品水。在洪州结识柳澹，在润州拜会颜真卿、戴叔伦，在丹阳遇到皇甫冉，都结为知交。至德三载、乾元元年（758），寄居南京栖霞寺，研究茶事，时常外出采茶。乾元二年（759），旅居丹阳，皇甫曾恰好回到家乡居住，两人常相往来。

上元元年（760）秋天，陆羽到浙江湖州杼山妙喜寺访皎然，两友共度重阳节。后结庐于湖州苕溪之滨，自号“桑苎翁”，潜心读书，钻研茶道，与皎然结为僧俗忘年之交，切磋经史，研习佛理，饮酒赋诗，交情至深。此后，在湖州隐居读书，闭门著述《茶经》并作《自传》传世。其间，常身披纱巾短褐，脚着藤鞋，独行野中，深入农家，采茶觅泉，评茶品水，或诵经吟诗，杖击林木，手弄流水，迟疑徘徊，每每至日黑兴尽，方号泣而归，时人称为今之"楚狂接舆"。唐代宗宝应元年（762）秋天，袁晁率众造反，刘长卿送陆羽到丹阳茅山避乱。宝应二年（763）安史之乱平定。广德二年（764），陆羽铸造自创的煮茶风炉，炉脚上铭有"圣唐灭胡明年铸"，以庆祝天下重归太平。

大历元年（766），陆羽住湖州，与卢幼平、潘述、李冶（字季兰）、严伯均交好。御史大夫李季卿宣慰江南，到达扬州，召其煮茶。其穿着一如山野村夫，李季卿不能以礼相待，其羞愤难当，改名为"疾"，字"季疵"，又作《毁茶论》。大历二年（767），向常州刺史李栖筠建议进贡阳羡（今宜兴市）茶，以后阳羡茶成为贡茶。大历三年（768）春天，赴丹阳探望病中的皇甫冉，两人依依不舍，吟诗互赠，竟成永别。赴越州（今绍兴市）一带游历，作《会稽小东山》诗，在剡溪遇到隐士朱放。经婺州（今浙江省金华市）的东白山、太白山返回湖州，与皎然等诸友泛舟唱和，送卢幼平离任。大历五年（770），与朱放等人品鉴各地茶品，以顾渚紫笋茶为第一，著《顾渚山记》，并给远在京城的国子监祭酒杨绾寄去两片顾渚茶，有《与杨祭酒书》。朝廷此后就在顾渚山设置贡茶院。大历八年（773），受颜真卿资助，在杼山妙喜寺侧建"三癸亭"。大历九年（774），颜真卿主编《韵海镜源》，邀陆羽、皎然、肖存等参与编撰。八月，张志和来湖州，与陆羽、皎然同唱《渔歌》。

大历十年（775），陆羽同李纵一道，游览无锡、苏州等地。在吴兴县青塘门外另建新宅，名"青塘别业"，作长住之计。大历十二年（777），陆羽游婺州、睦州（今杭州市淳安），至东阳县探望县令戴叔伦，久别重逢，欣喜异常。唐德宗建中元年（780），居湖州，戴叔伦寄诗相酬。探病“女中诗豪”李季兰。

建中三年（782）秋天，应戴叔伦之请，陆羽赴湖南作其幕僚，朋友们云集作别，权德舆在其列。到湖南不久，戴叔伦蒙冤入狱，陆羽与权德舆等人多方疏通营救。贞元元年（785），移居信州（今上饶市）茶山。贞元二年（786）冬天，移居洪州（今南昌市）玉芝观，并到庐山考察茶事。贞元三年（787）正月，戴叔伦赴抚州答辩，冤案得以昭雪。此事前后，陆羽均有诗赠戴叔伦，以示安慰和鼓励。贞元四年（788），受裴胄邀请，从洪州赴湖南入幕，权德舆作诗相送。

贞元五年（789），应故人李齐物之子李复之请，由湖南赴岭南节度使（驻今广州市）幕府，经郴州品评园泉水，将其列为“第十八泉”；经过韶州乐昌县泐溪，题名“枢室”二字。在容州（今广西玉林市），与病中戴叔伦相逢。贞元九年（793），由岭南返回杭州，与灵隐寺道标、宝达大师交往，作《道标传》。贞元二十一年（805），陆羽逝世，享年七十三岁［陆羽的卒年，《新唐书》的记载为“贞元末”，也有804年、805年之争，丁克行先生详加考证，认为是贞元二十一年（805）冬天］。

关于陆羽的卒地，学界也有两种说法，即“湖州说”和“竟陵说”。一直以来，“湖州说”流传甚广，其观点是，陆羽去世后，亲友将其安葬在杼山，也就是浙江省湖州市南门外的金盖山南端下菰城。陆羽墓建于1996年清明节，墓碑书“唐翁陆羽之墓”（据参与此事的人员介绍，当时在杼山修建陆羽墓主要是依据孟郊的诗

《送陆畅归湖州因凭题故人皎然塔陆羽坟》，也没有更多确凿史料依据）。

杼山，位于湖州古城西南妙山乡境内，因夏王杼巡狩至此而得名，晋代为吴兴郡风景名胜。杼山又名宝积山，因山南原有宝积寺，山因寺得名。宝积寺即梁代妙喜寺，前面我们讲到的皎然（字清昼，长兴人），曾为该寺主持。陆羽一生在湖州住了三十多年，湖州成为他的第二故乡，在这里从事茶事研究，以及与“名僧高士，谈讌终日”，以毕生精力撰写完成了世界第一部茶叶研究专著——《茶经》。唐大历七年（772），著名书法家颜真卿为湖州刺史，对陆羽十分器重，常邀陆羽、皎然与众多文人雅士在杼山雅聚，并邀请陆羽参与《韵海镜源》的编纂工作。此外，唐大历八年（773）十月二十一日，颜真卿还为陆羽建有“三癸亭”，因建亭时间是癸丑年癸卯月癸亥日，故称“三癸亭”。因而，“湖州说”认为，陆羽逝世后被安葬在杼山是亲友们用心安排的。

与“湖州说”不同，以萧孔斌先生为代表的陆羽研究专家则持“竟陵说”，其依据有八点：

第一，宋代学者王象之著《舆地纪胜》，在其“卷七十六复州景物下”有记曰：“覆釜洲，在竟陵县西禅寺，有洲如覆釜，即唐陆羽隐居之地。”

第二，李贤《明一统志·山川·景陵》曰：“覆釜洲，县西里许。陆羽隐地。”

第三，《大清一统志》曰：“西湖，在天门县西门外，广次于东湖，有洲曰覆釜，唐陆羽所居，后葬此，即建塔焉，有西塔寺，寺有陆子茶亭。”

第四，《湖北通志》一百零八册卷十一山川六曰：“天门县：西湖，在县城西门外，广次于东湖。有洲曰覆釜，唐陆羽所居，后葬此，即建塔焉。有西塔寺，内有陆子茶亭。清《一统志》。”《湖北通志》系清末民初编纂出版，当时编纂此书的湖北专家学者，力主陆羽回竟陵而卒，否则，就不会把《大清一统志》所述“覆釜洲，唐陆羽所居，后葬此”照录下来，载于《湖北通志》。

第五，著名茶学家吴觉农先生在他的《〈茶经〉述评》第八章第二节中言道：“陆羽出生于现在湖北省荆州地区的天门县，老死于故乡。”

第六，台北德明财经科技大学林正三教授在《唐代饮茶风气探讨》第五章《陆羽事迹系年》中说：“陆羽晚年回竟陵，卒于贞元末，葬在竟陵覆釜洲，与本师智积禅师之塔相依。”

第七，唐代赵璘（此人曾在竟陵生活过，陆羽与他的外祖父柳澹是好友）《因话录·陆鸿渐》载：“余幼年尚记识一复州老僧，是陆僧弟子。常讽其歌云：‘不羡黄金罍，不羡白玉杯。不羡朝入省，不羡暮入台。千羡万羡西江水，曾向竟陵城下来。’”此处提到的“陆僧”，应该是陆羽。

第八，唐代周愿（与陆羽同事多年，陆羽卒于805年，周愿814年任复州刺史）在其《三感说》中言道：“洎乎冠岁为竟陵苾刍之所生活，老奉其教。如声闻辟支，以尊乎竺乾圣人也。”又云：“我州之左，有覆釜之地，圆似顶状，中立塔庙，篁大如臂，碧笼遗形，盖鸿渐之本师像也。悲欤！似顶之地，楚篁绕塔，塔中之僧，羽事之僧，塔前之竹，羽种之竹。视夫僧影泥破，竹枝筠老而羽亦终。”“予作楚牧，因来顶中道场，白日无羽香火，遐叹零落，衣摇楚风，其感三也。”这几段话说明了三层意思：一是驳斥了陆羽离开竟陵后再没有回到故里的说法，指出陆羽不仅回来过，而且在西塔寺种过竹子，在西塔寺内为其师父智积塑过像、守过灵。二是阐述陆羽晚年回到西塔寺“老奉其教”，受到佛教界的尊崇，被称为圣人。三是感叹陆羽死后“白日无羽香火，遐叹零落”，极为悲伤。

我们是倾向“竟陵说”的，并不是因为我们是竟陵人。因为充足的史料，还原了陆羽叶落归根、隐居于西塔寺并老死于此的历史。这是当代陆羽研究的一项重大成果，正本清源，澄清了蒙在茶圣陆羽身世中的不实说法。

总之，茶圣陆羽的一生，如果以茶为主线，可以分为四个时期：从唐玄宗开元二十一年（733）到天宝十一载（752），为成长求学的时期；从天宝十一载到唐德宗建中元年（780），为考察茶事、品茶鉴水，酝酿、写作、出版《茶经》的时期；从唐德宗建中元年到贞元九年（793），为继续考察茶事、品茶鉴水和任官署幕僚的时期；从贞元九年到贞元二十一年（805）为隐居湖州、竟陵的时期。

二、主要成就

陆羽一生嗜茶，精于茶道，以著《茶经》闻名于世。《茶经》

是晚唐及其以前有关茶叶的科学知识和实践经验的系统总结，是陆羽躬身实践、笃行不倦，取得茶叶生产和制作的第一手资料，又是他遍稽群书、广采博收茶家采制经验的结晶，被公认为陆羽的最大成就。宋代陈师道为《茶经》作序道："夫茶之著书，自羽始；其用于世，亦自羽始，羽诚有功于茶者也。上自宫省，下迨邑里，外及戎夷蛮狄，宾祀燕享，预陈于前。山泽以成市，商贾以起家，又有功于人者也。"两个"自羽始"、两个"有功于"，就是陆羽对茶文化发展的极大贡献。

陆羽被人尊为茶神，肇始于晚唐。前面我们提到过的，晚唐时曾任衢州刺史的赵璘，其外祖父柳澹与陆羽交契至深。他在《因话录》里说：陆羽"性嗜茶，始创煎茶法。至今鬻茶之家，陶为其像，置干炀器之间，云宜茶足利"。《唐国史补》也说到，陆羽"茶术尤著巩县，陶者多为瓷偶人，号陆鸿渐，买数十茶器，得一鸿渐。市人沽茗不利，辄灌注之。"《陆羽传》说："鬻茶家以瓷陶羽形，祀为神，买十茶器，得一鸿渐。"

实际上，陆羽多才多艺，《茶经》之外，其他著述颇丰、成就颇大。据《自传》载："自禄山乱中原，为《四悲诗》，刘展窥江淮，作《天之未明赋》，皆见感激当时，行哭涕泗。著《君臣契》三卷，《源解》三十卷，《江表四姓谱》八卷，《南北人物志》十卷，《吴兴历官记》三卷，《湖州刺史记》一卷，《茶经》三卷，《占梦》上、中、下三卷，并贮于褐布囊。"又据南宋《咸淳临安志》载，陆羽寓居钱塘（今杭州市）时作有《天竺灵隐二寺记》和《武林山记》。陆羽还是一位书画论家，中年之后，涉足书坛。

王维画孟浩然像《襄阳孟公马上吟诗图》，上“有陆文学题记，词翰奇绝”；他对怀素和颜真卿的书法都有评论，如《僧怀素传》记述了他与怀素、邬彤和颜真卿讨论书法艺术的内容，所谓“屋漏痕”“壁折之路”等比喻，启迪后来书家对运笔妙法的领悟；而《论徐颜二家书》，则讲学书应重神似，而不应为外表形态所囿，颇有见地。可惜这些著述和成就传世甚少。当然，陆羽博学多才，虽然不止于茶学一端，但终为茶名所淹，不管是有意还是无意，茶圣的桂冠自然而然就落在了陆羽头上。

陆羽被尊为茶圣或茶神，也是他逝世以后的事情。他生前虽然以嗜茶、精茶，并以《茶经》一书名播四方，也有茶仙的戏称，但在时人心目中，他还不是以茶人而是以文人、文学家身份受到推崇的。首先，当时茶学虽成为一门独立的学问，但实属初创，其影响和地位，无法和古老的文学相比。其次，《茶经》一书，是撰于陆羽在文坛上已崭露头角之后，即陆羽在茶学上的造诣，是在他成为著名的文人达士以后才显露出来的。

前面我们说到，《茶经》的撰写，始于上元元年（760）。十几年前，也就是天宝五载（746），李齐物贬官竟陵时，陆羽还身在伶界。被李齐物发现后，陆羽才弃伶到“火门山邹夫子墅”读书。天宝十一载（752），崔国辅谪任竟陵司马时，陆羽便学成名就，文冠一邑了。《唐才子传·崔国辅传》也提到，崔国辅到竟陵后，与陆羽游处凡三年，“谑笑永日”，并把他们唱和的诗歌汇刊成集。崔国辅是什么人呢？在其被贬竟陵前一年，著名诗人杜甫上献《三大礼赋》，唐玄宗奇其才，诏试文章，命崔国辅、于休烈为试文之官，可见崔国辅在文坛地位是相当高的。崔国辅以古体诗见长，《河岳英灵集》载：崔国辅的诗“婉娈清楚，深宜讽咏，乐府短章，古人不及也”。陆羽与崔国辅游处三年，不但名声因崔国辅而更加彰显，同时也从崔国辅身上学到了不少学问。

陆羽不但在撰写《茶经》前就以文人闻名，就是在《茶经》风誉全国以后，甚至在陆羽的晚年，他还是以文人身份称著于世。如权德舆所记：“太祝陆君鸿渐，以词艺卓异，为当时闻人，凡所至之邦，必千骑郊劳，五浆先馈”；“不惮征路遥，定缘宾礼重。新知折柳赠，旧侣乘篮送”。就是说，陆羽所到一处、每离一地，都得到民众和友朋的隆重迎送。社会上之所以对陆羽有这样的礼遇，如权德舆所说，不是因为他在茶学上的贡献，而是他“词艺卓异，为当时闻人”，在文学上的地位使然。欧阳修在《集古录跋尾》中惋惜“陆羽著述颇多，岂止《茶经》而已哉，然其他书皆不传”。《广信府志》亦认为“他书皆不传，盖为《茶经》所掩也”。就是说，《茶经》的光芒遮住了陆羽的其他著作。所以，从上面记述来看，陆羽在其生前和死后，似乎是两个不同的形象。如果说他死后，在文学方面的成就“为《茶经》所掩”，成为茶学的一个偶像的话，那么在其生前，恰恰相反，他在茶学方面的成就，则为文学所掩，他是以“词艺卓异”闻人的。

陆羽生前多与高僧名士为友，周愿称“天下贤士大夫，半与之交”，有可能受一些名士“不名一行，不滞一方”的思想影响，他对文学和对茶学的态度一样，喜好但不偏一。所以，反映在学问上，他不囿于一业，而是涉猎很广，博学多能。因此，根据陆羽一生的活动和著述可以看出，陆羽不但是一位茶学专家，同时还是一位诗人、音韵学和小学专家、书法家、演员、剧作家、史学家、传记作家、旅游和地理学家。比如，我们称陆羽是一位历史学家，因为他编著过《江表四姓谱》《南北人物志》《吴兴历官记》和《吴兴刺史记》等史学著作。同时陆羽还是一位考古学家或文物鉴赏家。比如皎然在《兰亭石桥柱赞》的序文中称，大历八年（773）春天，卢幼平奉诏祭会稽山，邀陆羽等同往山阴（今浙江绍兴），发现古卧石一块，经陆羽鉴定，系“晋永和中兰亭废桥柱”。为什么请陆羽鉴定，陆羽为什么有这方面知识？皎然说得很清楚：“生（陆羽）好古者，与吾同志。”再比如，我们称陆羽是一位地理学家，还可以说是一位研究山水和编写地方志的专家。独孤及刺常州时，无锡县令为整修惠山名胜，“有客竟陵羽，多识名山大川”，还特意请陆羽当“顾问”，说明陆羽在当时人们的心目中，对地理尤其是对山水是有研究的。陆羽在流寓浙西期间，为湖州、无锡、苏州和杭州，编写了《吴兴记》《吴兴图经》《慧山记》《虎丘山记》等多种地志和山志，说明他对方志也是很感兴趣和极有研究的。

朱自振先生将陆羽著作篇目整理如下：

现存的陆羽著作：诗两首，《六羡歌》《会稽东小山》；残句三句，散存于他人名下的联句十四句；文章四篇，《游慧山寺记》《论徐颜二家书》《陆文学自传》《僧怀素传》；书一部，《茶经》三卷。

过去已知的陆羽佚著：《四悲歌》《天之未明赋》《君臣契》三卷，《源解》三十卷，《江表四姓谱》八卷，《南北人物志》十卷，《吴兴历官记》三卷，《湖州刺史记》一卷，《占梦》三卷。

新考证的陆羽佚著：诗——《陆羽崔国辅诗集》《渔父词》《陆羽移居红轴玉芝观诗》；地志——《杼山志》《吴兴记》《吴兴图经》《虎丘山记》《灵隐天竺二寺记》《武林山记》《顾渚山记》；其他——《五高僧传》《教坊录》《全品》《陆羽集》《与杨祭酒书》；参与编撰颜真卿主编的文字学、音韵学巨著《韵海镜源》。

综上所述，我们认为，陆羽在茶学以外的其他研究领域，虽然有比较大的学术贡献，但最大的学术贡献，当然是他在茶学和茶业方面对我国和世界文明发展所作出的杰出贡献。这一点，不论是国内还是国外，也一直是后人对陆羽研究、介绍的主要方面。当然，了解陆羽在茶学之外取得的学术成就，对于我们走近陆羽、认识陆羽也是很有意义的。

三、坊间传说

一直以来，坊间关于陆羽的传说很多，一些传说也有典籍作为依据，再加上一些合理想象和逻辑演绎，使得这些传说骨肉丰满、精彩动人。

陆羽传说之一

陆羽是一个孤儿，《唐国史补》《新唐书》和《唐才子传》里，对此都毫不隐讳。如前面我们讲到的《自传》说道：“（陆羽）字鸿渐，不知何许人……有仲宣、孟阳之貌陋，相如、子云之口吃”“始三岁，惸露，育乎竟陵大师积公之禅院”。人们据此演绎出了一个动人的故事，绘声绘色地描述了陆羽的出生、姓名来历和童年生活等。

开元二十三年（735）深秋的一个清晨，竟陵龙盖寺的智积禅师（积公）路过西郊一座小石桥，忽闻桥下群雁哀鸣之声，走近一看，只见一群大雁正用翅膀护卫着一个男婴，积公就把他抱回寺中收养，仿佛这男婴是上天送给积公、送给寺院、送给人间的。这座石桥后来就被人们称为“古雁桥”，附近的街道称“雁叫街”，遗迹犹在。

积公是唐朝著名高僧，而龙盖寺西边的村子里居住着一位饱学儒士李公。李公曾为幕府官吏，动乱时弃职，在景色秀丽的龙盖山麓开学馆教村童，与积公感情深厚，积公就请李公夫妇哺育这男婴。当时，李氏夫妇的女儿李季兰已满三岁，就依着季兰的名字，给这男婴取名季疵，视作亲生一般。季兰和季疵同在一张桌子上吃饭，同在一块草地上玩耍，一晃长到七八岁光景，李公夫妇因年事渐高，思乡之情日笃，一家人千里迢迢返回了故乡湖州。

这样，季疵回到龙盖寺，在积公身边煮茶奉水。积公有意栽培他，煞费苦心地为他占卦取名，以《易》占得“渐”卦，卦辞上说：“鸿渐于陆，其羽可用为仪，吉。”其意为鸿雁飞在天上，四方皆是通途，两羽翩翩而动，动作整齐有序，可供效法，为吉兆。于是为季疵定姓为“陆”，取名为“羽”，以“鸿渐”为字。积公还煮得一手好茶，让陆羽自幼学得了茶艺。十岁那年，陆羽离开了龙盖寺。此后，陆羽在当地的戏班子里当过丑角演员，兼做编剧和作曲；受谪守竟陵的名臣李齐物赏识、举荐，去火门山邹老夫子门下受业五年，直到二十岁那年学成下山。

还有一种说法，陆羽以《易》自占，得《渐》卦："鸿渐于陆，其羽可用为仪，吉。"按此卦义，当时还没有姓名的他自定姓为"陆"，取名"羽"，又以"鸿渐"为字。这仿佛谕示着：本为凡贱，实为天骄；来自父母，竟如天降。其依据就是《陆羽传》的记载："羽，字鸿渐，不知所生。初，竟陵禅师智积得婴儿于水滨，育为弟子。及长，耻从削发，以《易》自筮，得《蹇》之《渐》曰：鸿渐于陆，其羽可用为仪。始为姓名。"

陆羽传说之二

不少典籍中记载了陆羽品茶鉴水的神奇传说。

陆羽随难民顺江东下，遍历长江中下游和淮河流域各地，考察搜集了大量第一手茶叶产制资料，并积累了丰富的品泉鉴水经验，撰下《水品》一篇，可惜今已失传。但同代文人张又新在《煎茶水记》里，曾详细地开列出一张陆羽品评过的江河井泉及雪水等共二十品的水单，如庐山康王谷水帘水第一、无锡惠山寺石泉水第二、蕲州兰溪石下水第三，而把扬子江南泠水（在今镇江，又称南泠泉）列为第七品。有意思的是张又新还记下了这样一个故事：

代宗朝李季卿刺湖州，至维扬（今江苏扬州），逢陆处士鸿渐。李素熟陆名，有倾盖之欢，因之赴郡。至扬子驿，将食，李曰："陆君善于茶，盖天下闻名矣，况扬子南零水又殊绝，今者二妙千载一遇，何旷之乎！"命军士谨信者，挈瓶操舟，深诣南零，陆利器以俟之。

俄水至，陆以杓扬其水曰："江则江矣，非南零者，似临岸之水。"使曰："某棹舟深入，见者累百，敢虚绐乎？"陆不言，既而倾诸盆，至半，陆遽止之，又以杓扬之曰："自此南零者矣！"使蹶然大骇，驰下曰："某自南零赍至岸，舟荡覆半，惧其尠，挹岸水增之。处士之鉴，神鉴也，其敢隐焉！"

李与宾从数十人皆大骇愕。李因问陆："既如是，所历经处之水，优劣精可判矣。"陆曰："楚水第一，晋水最下。"李因命笔，口授而次第之。

上述引文大概是讲，唐代宗时期，李季卿任湖州刺史，在江苏扬州扬子江畔，遇见了陆羽。李季卿一向倾慕陆羽，便相邀同船而行。当船停靠在扬子驿，准备吃饭的时候，李季卿说："陆先生善于品茶，精于茶道，天下闻名，而扬子江南泠水又特别好，煮茶极佳，今天这'二妙'聚在一起，真是千载一遇！陆先生不要错过。"于是，李季卿命令军士拿着瓶子、驾着小船，到江中去取南泠水。

陆羽趁军士取水的时候，把各种品茶器具一一放置妥当。不一会，水就送到了。陆羽用勺子舀了舀、看了看瓶子里的水，说："这水倒是扬子江水，但不是南泠水，好像是近岸边的水。"军士说："我乘舟深入南泠，有许多人都看见了，不敢虚报欺骗。"

陆羽一言不发，端起水瓶，将水倒入盆中，倒去一半时，停了下来，又用勺子舀了舀、看了看，说："到这里才是南泠水。"军士大惊，急忙认错说："我从南泠取水回来，由于船身晃荡，把水晃出了半瓶，害怕不够用，便用岸边的水加满，不想处士之鉴如此神明，不敢再隐瞒了。”

李季卿与来宾数十人都十分惊奇陆羽鉴水之技，他便向陆羽讨教各种水的优劣。陆羽说：“楚水第一，晋水最下。”李季卿用笔一一记了下来。

至此，陆羽的名气也就越发被传扬得神乎其神了。明清时的一些茶艺专家认为，南泠水和临岸江水，一清一浊，一轻一重，对茶圣陆羽来说是不难分辨的。

《陆羽传》中，也记载了这件事：

初，御史大夫李季卿宣慰江南，喜茶，知羽，召之。羽野服挈具而入，李曰：“陆君善茶，天下所知。扬子中泠水，又殊绝。今二妙千载一遇，山人不可轻失也。”茶毕，命奴子与钱。羽愧之，更著《毁茶论》。

只是这个说法与前面的说法完全相反。人们从这两个典籍出发，演绎出了多个陆羽品泉鉴水的神奇故事。

陆羽传说之三

陆羽生活的年代正是安史之乱前后，《自传》记载：陆羽“洎至德初，秦人过江，子亦过江，与吴兴释皎然为缁素忘年之交”。入选《唐诗三百首》的皎然《寻陆鸿渐不遇》，讲述的就是皎然寻找居于湖州青塘别业的陆羽的场景。对此，后人演绎了下面的故事。

陆羽之所以辗转到湖州，是欲回报养父母之恩，心心念念的是从小相伴的“小姐姐”李季兰。可当他在二十八岁到达湖州时，养父母已谢世，李季兰也嫁人了。这对陆羽是一个沉重的打击。他的内心充满无限惆怅和失落，在举目无亲、投靠无门的情况下，只好寄宿庙宇。

之后，陆羽很快就结识了诗僧皎然。皎然俗姓谢，是南朝谢灵运的十世孙。皎陆相识之后，竟能结为忘年之交，结谊凡四十余年，直至相继去世，其情谊经《唐才子传》的铺排渲染，为后人所深深钦佩。皎然长年隐居湖州杼山妙喜寺，但“隐心不隐迹”，与当时的名僧高士、权贵显要有着广泛的联系，这自然拓展了陆羽的交友范围、视野和思路。陆羽在妙喜寺内居住多年，收集整理茶事资料，后又在皎然的帮助下，“结庐苕溪上，闭门读书”，开始了《茶经》的写作。

陆羽传说之四

唐代竟陵积公和尚善于品茶，不但能鉴别所喝的是什么茶，也能分辨沏茶用的水，而且还能判断谁是煮茶人。这种品茶本领的传闻，一传十，十传百，人们就把积公看成是茶仙下凡。这件事也传到了代宗皇帝耳中。代宗本人嗜好饮茶，也是个品茶行家，所以宫中录用了一些善于品茶的人供职。代宗听到这个传闻后，半信半疑，就下旨召来了积公，决定当面试茶。

积公到达宫中，皇帝即命宫中煎茶能手，砌一碗上等茶叶，赐予积公品尝。积公谢恩后接茶在手，轻轻喝了一口，就放下茶碗，再也没喝第二口。皇上便问何故？积公起身摸摸长须笑答：“我所饮之茶，都是弟子陆羽亲手所煎。饮惯他煎的茶，再饮别人煎的茶，就感到味淡如水了。”皇帝听罢，问陆羽在何处？积公答道：

"陆羽酷爱自然，遍游海内名山大川，品评天下名茶美泉，现在何处，贫僧也不知晓。"

于是皇帝连忙派人四处寻找陆羽，终于在江南的舒州（今安庆境内）的山上找到了，立即把他召进宫去。皇帝见陆羽虽说话结巴，其貌不扬，但出言不凡，知识渊博，已有几分欢喜。于是说明缘由，命他煎茶献师，陆羽欣然同意，就取出自己清明前采制的好茶，用泉水煎煮后，先献给皇上。皇帝接过茶碗，轻轻揭开碗盖，一阵清香迎面扑来，精神为之一爽，再看碗中茶叶淡绿清澈，品尝之下香醇回甜，连连点头称赞"好茶"。接着就让陆羽再煎一碗，由宫女送给在御书房的积公品尝。积公端起茶来，喝了一口，连叫"好茶"，接着一饮而尽。积公放下茶碗，兴冲冲地走出书房，大声喊道："鸿渐在哪里？"皇帝吃了一惊："积公怎么知道陆羽来了？"积公哈哈大笑道："我刚才品的茶，只有渐儿才能煎得出来，喝了这茶，当然就知道是渐儿来了。"

代宗十分佩服积公和尚的品茶之功和陆羽的茶技之精，就留陆羽在宫中供职，培养宫中茶师。但陆羽不羡荣华富贵，不久又回到苕溪，专心撰写《茶经》去了。

北宋绘画评鉴家董逌结合上述故事，在《广川画跋》中将《萧翼赚兰亭图》摹本称为《陆羽点茶图》。跋曰：

余闻《纪异》言，积师以嗜茶久，非渐儿供侍不向口。羽出游江湖四五载，积师绝于茶味。代宗召入内供奉，命宫人善茶者以饷师，一啜而罢，上疑其诈，私访羽召入，翌日赐师斋，俾羽煎茗，喜动颜色，一举而尽。使问之，师曰："此茶有若渐儿所为也。"

于是叹师知茶。出羽见之，此图是也。故曰陆羽点茶图。

董逌博览群书，对历代书画论断精确。其跋语论据也能信服于人，特别是以“渐儿茶”之故事来观照此图，确实来得更贴切一些。近代不少学者也根据图中老僧的禅榻、尘尾、水注的形制和书生的幞头、煮茶的火炉形状等，判断此幅应是五代或北宋人所画的人物故事图，描绘积公和陆羽煎茶的情境。

陆羽传说之五

建中元年（780），时居太湖边的女诗人李冶写过一首《湖上卧病喜陆鸿渐至》，诗曰：“昔去繁霜月，今来苦雾时。相逢仍卧病，欲语泪先垂。强劝陶家酒，还吟谢客诗。偶然成一醉，此外更何之。”这首诗生动地记录了陆羽探视李冶时的情景。男女之间又是劝酒又是吟诗，若非挚友，岂能如此思之殷、见之喜？

原来，陆羽在三岁后曾经被竟陵龙盖寺智积和尚寄托给寺院附近的李姓友人收养，而李家有女李冶，名季兰，年纪稍长于陆羽。李公看陆羽身体有疾，便按“季”字辈给陆羽取名为“季疵”。于是，季兰、季疵姐弟同窗共学，青梅竹马。陆羽十岁后因出走龙盖寺，季兰因随父迁湖州，双方便失去联系。

年长，季兰成为一位才貌出众、名冠一时的女诗人，后虽遁入空门，成为女道士，但多与文人雅士唱和。于是，陆羽“更隐苕溪”（《新唐书·陆羽传》）之后，又有机会与之重逢，并多有交往。听说陆羽刚到余杭时，季兰即托人带去《遥忆江南》诗相赠与他：“遥忆江南景物佳，湖清水秀竞风华。何当共品山泉水，细雾升腾慢着茶。”

《唐才子传》形容李冶：“美姿容，神情萧散，专心翰墨，善弹琴，尤工格律。”她因诗名与艳名享誉京城，晚年曾被召入宫，后因上诗叛将朱泚，受政治牵连遭到杀身之祸，被唐德宗下令乱棒扑杀。陆羽闻后，写下《会稽东小山》寄托相思：“月色寒潮入剡溪，青猿叫断绿林西。昔人已逐东流去，空见年年江草齐。”时为建中五年（784）。

这个传说与上面的传说，存在一些不一致的地方，但传说毕竟是传说，大家姑且听之。

饮茶人物图。选自王概等编《芥子园画传·初编》，清康熙年间刊本。

夜半唤茶图。石板刻画，明清时期绘制，美国布鲁克林博物馆藏。

第三讲 《茶经》问世

茶經卷上

竟陵陸　羽　撰

一之源　二之具　三之造

一之源

茶者南方之嘉木也一尺二尺迺至數十尺其巴山峽川有兩人合抱者伐而掇之其樹如瓜蘆葉如梔子花如白薔薇實如栟櫚葉如丁香根如胡桃（瓜蘆木出廣州似茶至苦澁栟櫚蒲葵之屬其子似茶胡桃與茶根皆下孕兆至瓦礫苗木上抽）其字或從草或從木或草木并（從草當作茶其字出開元文字音義從木當作𣗪其字出本草草木并作荼其字出爾雅）其名一曰茶二曰檟三曰蔎四曰茗五曰荈（周公云檟苦茶楊執戟云蜀西南人謂茶曰蔎郭弘農云早取為茶晚取為茗或一曰荈耳）其地上者生爛石中者生櫟壤下者生黃土凡藝而不實植而罕茂法如種瓜三歲可採野者上園者次陽崖陰林紫者上綠者次笋者上牙者次葉卷上葉舒次陰山坡谷者不堪採掇性凝滯結瘕疾茶之為用味至寒為飲最宜精行儉德之人若熱渴凝悶腦疼目澁四支煩百節不舒聊四五啜與醍醐甘露抗衡也採不時造不精雜以卉莽飲之成疾茶為累也亦猶人參上者生上黨中者生百濟新羅下者生高麗有生澤州易州幽州檀州者為藥無効況非此者設服薺苨使六疾不瘳知人參為累則茶累盡矣

二之具

籯（加追反）一曰籃一曰籠一曰筥以竹織之受五升或一㪷二㪷三㪷者茶人負以採茶也（籯漢書音盈所謂黃金滿籯不

左氏百川学海版《茶经》。

木或竹黃黑可扃而漆者長三尺濶二尺高六寸具列者悉斂諸器物悉以陳列也

都籃

都籃以悉設諸器而名之以竹篾內作三角方眼外以雙篾濶者經之以單篾纖者縛之遞壓雙經作方眼使玲瓏高一尺五寸底濶一尺高二寸長二尺四寸濶二尺

茶經卷中終

茶經卷下

唐竟陵陸羽鴻漸撰

五之煮

凡炙茶慎勿於風燼間炙熛焰如鑽使炎凉不均持以逼火屢其飜正候炮（普教反）出培塿狀蝦蟆背然後去火五寸卷而舒則本其始又炙之若火乾者以氣熟止日乾者以柔止其始若茶之至嫩者蒸罷熱搗葉爛而牙笋存焉假以力者持千鈞杵亦不之爛如漆科珠壯士接之不

《茶书》（二十七种）版《茶经》，明万历四十一年（1613）喻政辑刊本。

一、《茶经》的成书

《茶经》是茶圣陆羽所著茶学专著，是中国第一部关于茶的专门著作，被誉为“茶叶百科全书”。

前面我们已经讲过，陆羽自幼好学用功，学问渊博，诗文亦佳，且为人清高，淡泊功名。他结庐隐居东冈岭时（天宝十一载至十四载，即752—755年），就酝酿撰写《茶经》，为此开始了游历考察。他一路风尘，饥食干粮，渴饮茶水，经义阳、襄阳，往南漳，直到四川巫山，每到一处，即与当地人讨论茶事，将各种茶叶制成标本，并将途中了解到的关于茶的见闻轶事记录下来，做了大量的“茶记”。上元元年（760），陆羽隐居苕溪（今浙江湖州），继续考察茶事，读书查找资料并著述《茶经》。到了永泰元年（765），《茶经》初稿完成，远近倾慕，竞相抄阅。大历九年（774），陆羽参与《韵海镜源》编撰，利用大量翻阅文献的机会，搜集历代茶事，增补修订《茶经·七之事》。大历十年（775），《茶经》定稿，分为上、中、下三卷。直到建中元年（780），陆羽四十八岁时，《茶经》出版，历时约三十年。陆羽因《茶经》声名更大，唐代宗曾诏拜陆羽为太子文学、太常寺太祝，但他坚辞不就，仍周游各地，推广茶艺，影响所及，茶事大盛。

关于《茶经》的成书时间，也有不同看法。因为《茶经》何时开始撰写，何时成书，没有明确的文字可稽。一般认为《茶经》最终完成于建中元年（780）。但也有人认为，《茶经》成书于上元元年（760），根据是《自传》："上元初，更隐苕溪，闭门著书。"上元年号只有两年，"上元初"当指760年。事实上，《自传》只是说陆羽开始动笔撰写，未必在当年就已完成。另据《茶经·四之器》所说的煮茶风炉，在炉脚上铸有古文"圣唐灭胡明年铸"七字，"灭胡"是指唐王朝平定安禄山、史思明叛乱，其年份为广德元年（763），"灭胡明年"也就是"灭胡"的第二年，即广德二年（764）。由此，可以推断《茶经》成书时间是764年之后。

还有人根据"圣唐灭胡明年铸"，论证《茶经》成书于广德二年（764），根据是大历元年（766），李季卿"宣慰江南"时，召请常伯熊煮茶，李季卿对常很欣赏。又有人向李季卿推荐了陆羽，请来陆羽后，李季卿不能以礼相待，使陆羽非常气恼，"更著《毁茶论》"，因而《茶经》应该是广德二年（764）写成的，大历元年（766）就已经传开了，陆羽声名远扬，否则就不会有人向李季卿推荐陆羽了。我们认为，如果说《茶经》成书于广德二年（764），当时陆羽只有三十二岁，就写出这样渊博的《茶经》，实在令人难以相信。实际上，陆羽居住苕溪之后，住处时常变动，又时常外出，并非完全闭门著书。这可从皎然、皇甫冉和李冶等人赠诗中看出。陆羽外出从事研究茶叶的时间很多，遍游了江苏的苏州、无锡、南京、丹阳、宜兴和浙江的长兴、杭州和绍兴嵊县等地，以后又到江西上饶，对茶叶采制、饮用和茶事深入研究和实践，因而积累了丰富的茶事知识。更重要的是，在湖州时得到颜真卿的支持、皎然的帮助，才有大量的文献可以参考，《茶经》才能写成。李季卿宣慰江南时，召陆羽煮茶，或者根据陆羽对宜兴贡茶的推荐（“野人陆羽以为茶香甘冠于他境，或荐于上。栖筠从之，始进万两”），便认为只有《茶经》问世，陆羽才成为茶事权威。我们认为，这样的推断是不够全面的，因为陆羽擅长煮茶、品茶，名闻各地并成为权威人士，不一定要有著作，口口相传也是重要的传播途径。

陆羽过江后，大多居无定所，周游各处，过着流浪的生活。据上饶的地方志记载：“（陆羽）寓居信城（今上饶）北三里，自号东岗子。性嗜茶，环居多植茶，因号茶山。”（乾隆《上饶县志》）“陆鸿渐茶，在府城西北茶山广教寺……今为茶山茶。”（道光《上饶县志》）又据府志（元至清属广信府）记述：“府城北茶山寺，唐陆羽曾寓其地，即山种茶，品为天下第四。其水似井傍山，色白味甘，是为乳泉，土色赤，又名燕支井，长汀黎士宏改曰陆羽泉。”（乾隆《广信府志》）江西婺源茶校刘隆祥、婺源茶厂王钟音等考证，认为陆羽由苕溪迁移到上饶建寺定居种茶，照茶树生长后采收加工所需时间，当在五年以上。然而认为《茶经》是在上饶时期茶山寺完成的，这根据也是不足的。陆羽在永泰元年（765）以后，较长时间居住吴兴杼山妙喜寺，与皎然成为忘年之交，并为湖州刺史颜真卿所器重，被推荐给唐王朝，任太常寺太祝，这是很合情理的。颜真卿并为陆羽在吴兴杼山修筑一座“三癸亭”。乾隆《浙江通志》引《名胜志》载：“三癸亭，在杼山，鲁公为陆鸿渐建。”落成时间为“唐大历七年（772）癸丑岁冬十月癸卯朔二十一日癸亥”。因此，《茶经》当在建中元年（780）完成。

二、《茶经》的价值

《茶经》是关于茶叶生产的历史、源流、现状、生产技术以及饮茶技艺、茶道原理的综合性论著。作者详细收集历代茶叶史料、记述亲身调查和实践的经验，对唐及唐以前的茶叶历史、产地、茶的功效、栽培、采制、煎煮、饮用等知识技术都作了阐述。

《茶经》分三卷十节，七千多字。卷上：一之源，讲茶的起源、形状、功用、名称、品质；二之具，谈采茶制茶的用具，如采茶篮、蒸茶灶、焙茶棚等；三之造，论述茶的种类和采制方法。卷中：四之器，叙述煮茶、饮茶的器皿，即二十四种煮茶饮茶用具，如风炉、茶釜、纸囊、木碾、茶碗等。卷下：五之煮，讲烹茶的方法和各地水质的品第；六之饮，讲饮茶的现实意义、饮茶的风俗和饮茶的方式、方法；七之事，叙述古今有关茶的故事、产地和功效等；八之出，将唐代全国茶区的分布归纳为山南、浙南、浙西、剑南、浙东、黔中、江西、岭南八个区，并谈各地所产茶叶的优劣；九之略，分析采茶、制茶用具可依当时环境加以省略；十之图，教人用绢素写《茶经》，陈诸座隅，目击而存。

《茶经》传播了茶业科学知识，促进了茶叶生产发展。《茶经》将普通茶事升格为一种美妙的文化艺术，推动了中国茶文化的发展。

唐代以前，茶多在药用，仅少数地区以茶做饮料。茶盛于唐，饮茶之风普及大江南北，饮茶品茗遂成为中国文化的一个重要组成部分。陆羽研究专家周重林先生在《茶的精神》一文提出“陆羽之后，才有‘茶’字，也才有茶学”的观点，是很有见地的。

他提出，茶就是“人在草木间”。草木如诗，美人如织，在中国人的观念里，天人合一就是自然之道。茶来自草木，因人而获得独特价值。

陆羽之前的时代，“茶”写作“荼”，有着药的属性。中药之祖神农氏终生都在寻找对人有用的植物，神农氏尝完百草而成《神农本草经》，里面记载的植物，体现了华夏先人对自然的简单认识。比如哪些草木是苦的，哪些热性，哪些凉性，哪些能充饥，哪些能治病，等等。在神农氏眼中，荼不过是类似于灵芝草之类的药物而已。

《尔雅》中的槚，是荼的分类，特指味道比较苦的荼，是感官滋味层面上的直接体验。那个时候国人的观念认为，草木一体，而不是现代植物学意义上的乔灌木、草木本之谓。《诗经》上说，“有女如荼”，说的是颜色层面。当时，人们并不日常饮荼，除非真的生了病。

陆羽自己所列的其他几个字“蔎”“茗”“荈”，也只是对荼的进一步分类，赋予其时令上的区别。也就是说，在“荼”时代，“荼”只是一种可用的药草而已，这一点，不会因为它在不同地方与不同季节的称呼不同而改变。

而“茶”就不一样。《茶经》开篇就把茶作为主体，陆羽用史家为人作传的口吻描述道：“茶者，南方之嘉木也。”自此开始了对茶的全面拟人化定义，陆羽以不容置疑的语气对茶作了评判辞，涉及茶的出生地（血统）、形状（容颜）、称谓（姓名）、生长环境（成长教育）、习性（性格、品质）等方面；而茶与人一样，因其自身生长环境有所区别，需要区别看待。陆羽曰：

茶之为用，味至寒，为饮，最宜精行俭德之人。若热渴、凝闷、脑疼、目涩、四肢烦、百节不舒，聊四五啜，与醍醐、甘露抗衡也。

采不时，造不精，杂以卉莽，饮之成疾。茶为累也，亦犹人参。上者生上党，中者生百济、新罗，下者生高丽。有生泽州、易州、幽州、檀州者，为药无效，况非此者！设服荠苨，使六疾不瘳。知人参为累，则茶累尽矣。（《一之源》）

这样，茶就从自身的药物属性中脱离出来，也从其他类植物中脱离出来。一旦喝了茶，醍醐、甘露之类的绝妙饮品都要做出让步，成为附庸。而要喝到好茶，就要花足够的心思，茶的时令、造法一旦有所误差，喝起来不仅不能提升人的精神，反而会喝出病来，受其累其害，最终“失茶”。对茶的追求不能南辕北辙，因为茶，需要人赋予它新的生命与价值，为此，人也要有足够虔诚的态度。

茶的秘密被写进了《茶经》里，陆羽继承神农衣钵，凡茶都亲历其境、“亲揖而比”“亲炙啜饮”“嚼味嗅香”，尽显虔诚姿态。此后，华夏人的喝茶便定格在陆羽的论述里。在《茶经》后面的几节里，从茶的实物到器皿，再到水的选择，各地风俗的呈现，茶的华夏版图也变得清晰可见，到最后形成的是茶的图腾与仪式，《茶经》所要表达的意图也十分明了：人要把自己的精神融合在格物运化之中，只有与自然浑然一体，才能回到自然。

在这里，我们还想说的是，我国的茶事从一开始就与佛教有着千丝万缕的联系。最初，茶为僧人提供不可替代的饮料，而僧人和寺院又促进茶叶生产的发展和制茶技术的进步。创立中国茶道的茶圣陆羽在其《茶经》中就有不少对佛教的颂扬和对僧人嗜茶的记载。在茶事实践中，茶道与佛教之间找到越来越多的思想内涵方面的共通之处，禅茶就是在这样的基础上产生的。陆羽的一生就像那起浮回旋的茶叶，虽然一路冲荡，却终得茶香般的善果。而且，颜真卿、皇甫冉、刘长卿、孟郊、张志和等大唐有名的才子都曾与陆羽交往，谈诗论道，品茗说茶，使陆羽对茶文化有了更深层次的认识，将儒学和佛学的感悟融入《茶经》的创作中。

在中国茶文化史上，陆羽所创造的一套茶文化思想，以及他所著的《茶经》，是一个划时代的标志。在我国古代社会，研究经学典籍被视为士人正途。像茶学、茶艺这类学问，只是被认为难入正统的“杂学”。陆羽与其他士人一样，对于传统的中国儒家学说十分熟悉并悉心钻研，深有造诣。但他又不像一般文人拘泥于儒家学说，而能入乎其中，出乎其外，把深刻的学术原理融于茶这种物质生活之中，从而创造了茶文化。《茶经》是古代茶人勤奋读书、刻苦学习、潜心求索、百折不挠精神的结晶。以茶待客、以茶代酒，“清茶一杯也醉人”就是中华民族珍惜劳动成果、勤奋节俭的真实反映。以“茶”字当头排列茶文化的社会功能有：以茶思源、以茶待客、以茶会友、以茶联谊、以茶廉政、以茶育人、以茶代酒、以茶健身、以茶入诗、以茶入艺、以茶入画、以茶起舞、以茶歌吟、以茶兴文、以茶作礼、以茶兴农、以茶促贸和以茶致富等。茶是中国的骄傲、民族的自尊、自信和自豪，饮茶可以思源。世界著名科技史家李约瑟博士，将中国茶叶作为中国四大发明之后，对人类的第五大贡献。

三、《茶经》的影响

《茶经》开启了一个茶的时代，为世界茶学发展作出了卓越贡献。《茶经》一问世，就为世人所推崇，被盛赞为茶学的开创之作。当时，《茶经》就已为人们竞相传抄，“良马换《茶经》”讲的就是唐代皮日休献出《茶经》手抄本的故事。在茶学史上，现存史料里，最早提及陆羽《茶经》的就是皮日休，按照他的说法，茶经共三卷，“分其源、制其具、教其造、设其器、命其煮”（皮日休《茶中杂咏序》）等，所言次第和今本《茶经》完全相同。

皮日休也是天门历史上的名人，地位仅次于陆羽。可能是因为“亲不亲、家乡人”的缘故，他多次提到陆羽和《茶经》。既然说到了皮日休，在这里对他也作点介绍。晚唐文学家皮日休（约838—883），字袭美，一字逸少，唐复州竟陵人。曾居住在鹿门山，道号鹿门子，又号间气布衣、醉吟先生、醉士等。咸通八年（867）进士及第，历任苏州军事判官、著作佐郎、太常博士、毗陵副使。后参加黄巢起义，或言“陷巢贼中”，任翰林学士，起义失败后不知所踪。皮日休是晚唐著名诗人、文学家，与陆龟蒙齐名，世称“皮陆”。其诗文兼有奇朴二态，且多为同情民间疾苦之作，被鲁迅誉为唐末“一塌糊涂的泥塘里的光彩和锋芒”。

皮日休也一生嗜茶，精于茶道，途径苏州时曾创作了一组咏茶诗歌《茶中杂咏》，包括《茶坞》《茶人》《茶笋》《茶籯》《茶舍》《茶灶》《茶焙》《茶鼎》《茶瓯》《煮茶》十首。这组诗词对唐代茶事进行了灵动缜密的描写，宛如一幅古代茶文化的动态画卷。摘录如下：

茶中杂咏并序

自周已降，及于国朝茶事，竟陵子陆季疵言之详矣。然季疵以前称茗饮者，必浑以烹之，与夫瀹蔬而啜者无异也。季疵之始为《经》三卷，由是分其源，制其具，教其造，设其器，命其煮。俾饮之者除痟而去疠，虽疾医之不若也。其为利也，于人岂小哉？余始得季疵书，以为备矣。后又获其《顾渚山记》二篇，其中多茶事；后又太原温从云、武威段碣之各补茶事十数节，并存于方册。茶之事，由周而至于今，竟无纤遗矣。

茶坞

闲寻尧氏山，遂入深深坞。种荈已成园，栽葭宁记亩。
石洼泉似掬，岩罅云如缕。好是夏初时，白花满烟雨。

茶人

生于顾渚山，老在漫石坞。语气为茶荈，衣香是烟雾。

庭从橛子遮，果任獳师虏。日晚相笑归，腰间佩轻篓。

茶笋

袖然三五寸，生必依岩洞。寒恐结红铅，暖疑销紫汞。
圆如玉轴光，脆似琼英冻。每为遇之疏，南山挂幽梦。

茶籝

筤筹晓携去，蓦个山桑坞。开时送紫茗，负处沾清露。
歇把傍云泉，归将挂烟树。满此是生涯，黄金何足数。

茶舍

阳崖枕白屋，几口嬉嬉活。棚上汲红泉，焙前蒸紫蕨。
乃翁研茗后，中妇拍茶歇。相向掩柴扉，清香满山月。

茶灶

南山茶事动，灶起岩根傍。水煮石发气，薪然杉脂香。
青琼蒸后凝，绿髓炊来光。如何重辛苦，一一输膏粱。

茶焙

凿彼碧岩下，恰应深二尺。泥易带云根，烧难碍石脉。
初能燥金饼，渐见干琼液。九里共杉林，相望在山侧。

茶鼎

龙舒有良匠，铸此佳样成。立作菌蠢势，煎为潺湲声。
草堂暮云阴，松窗残雪明。此时勺复茗，野语知逾清。

茶瓯

邢客与越人，皆能造兹器。圆似月魂堕，轻如云魄起。

枣花势旋眼，苹沫香沾齿。松下时一看，支公亦如此。

煮茶

香泉一合乳，煎作连珠沸。时看蟹目溅，乍见鱼鳞起。

声疑松带雨，饽恐生烟翠。倘把沥中山，必无千日醉。

皮日休创作《茶中杂咏》之后，他的好友、“皮蒙”之一、著名文学家和农学家陆龟蒙创作了《奉和袭美茶具十咏》，抄录如下：

奉和袭美茶具十咏

茶坞

茗地曲隈回，野行多缭绕。向阳就中密，背涧差还少。

遥盘云髻慢，乱簇香篝小。何处好幽期，满岩春露晓。

茶人

天赋识灵草，自然钟野姿。闲来北山下，似与东风期。

雨后探芳去，云间幽路危。唯应报春鸟，得共斯人知。

茶笋

所孕和气深，时抽玉苕短。轻烟渐结华，嫩蕊初成管。

寻来青霭曙，欲去红云暖。秀色自难逢，倾筐不曾满。

茶籯

金刀劈翠筠，织似波文斜。制作自野老，携持伴山娃。

昨日斗烟粒，今朝贮绿华。争歌调笑曲，日暮方还家。

茶舍

旋取山上材，驾为山下屋。门因水势斜，壁任岩隈曲。

朝随鸟俱散，暮与云同宿。不惮采掇劳，只忧官未足。

茶灶

无突抱轻岚，有烟映初旭。盈锅玉泉沸，满甑云芽熟。

奇香袭春桂，嫩色凌秋菊。炀者若吾徒，年年看不足。

茶焙

左右捣凝膏，朝昏布烟缕。方圆随样拍，次第依层取。

山谣纵高下，火候还文武。见说焙前人，时时炙花脯。

茶鼎

新泉气味良，古铁形状丑。那堪风雪夜，更值烟霞友。

曾过赪石下，又住清溪口。且共荐皋卢，何劳倾斗酒。

茶瓯

昔人谢坻埞，徒为妍词饰。岂如珪璧姿，又有烟岚色。

光参筠席上，韵雅金罍侧。直使于阗君，从来未尝识。

煮茶

闲来松间坐，看煮松上雪。时于浪花里，并下蓝英末。

倾余精爽健，忽似氛埃灭。不合别观书，但宜窥玉札。

《茶经》历来流传极广，到了宋代，陈师道提到有家藏一卷本、毕氏三卷本、王氏三卷本、张氏四卷本等四种，四种版本只是繁简有别。陈师道根据这四种版本，合校成了新钞二篇本。这就告诉我们，宋代以来，《茶经》就有各种不同的版本，现存的《茶经》版本大致有四种，一是有注本，二是无注本，三是增本，四是删节本。这四种版本里，有注本是《茶经》的主流。

到了明代，从嘉靖起至万历年间，人们开始对《茶经》做增添工作，在原有《茶经》之后附加其他资料，而名之为《茶经外编》，例如吴旦本、孙大绶本、汪士贤本等。此外，也有在《茶器》卷后加入《茶具图赞》者，使之一如正文，如明郑思本、宜和堂本等。更有删节本，即删节原文，如王圻《稗史汇编》本。

特别值得一提的是，明世宗嘉靖二十一年（1542）就出版了世上最早的《茶经》单行本。这年农历九月九日，鲁彭《刻茶经叙》曰："公再往，索羽所著《茶经》三篇，僧真清者，业录而谋梓也，献焉。"披露了在时任湖广按察使司佥事、分巡荆西道柯乔的推动下，龙盖寺（天门西塔寺）主持僧真清献出自己从宋代《百川学海》丛书中抄录的《茶经》手稿的史实。还曰"兹复刻者，便览尔。刻于竟陵者，表羽之为竟陵人也"，清楚地讲明刊刻目的。因为此前，只能在丛书《百川学海》中见到《茶经》，且批注并不翔实。于是，鲁彭总理刊刻事务，组织力量刊刻，这就诞生了世上第一版单行本《茶经》——"竟陵版"鲁彭刊本。从第一个单行本问世，到民国时期，先后有《说郛》《山居杂志》《格致丛书》《学津讨源》《唐人说荟》本及多种单行本，还有日译本和英译本。

鲁彭（？—1563），竟陵乾镇驿东冈岭人，明代国子监祭酒鲁铎的长子，字寿卿，号梦野，明正德十一年（1516）丙子科乡试第二十二名中举。他居家清贫，勤于政务，平易近人，爱护百姓，公正无私。同时，勤奋好学，著有《离骚赋》《雁门小桥稿》等。其父鲁铎（1461—1527），字振之，号莲北居士，学者称"莲北先生"，晚年称"止林老人"。明弘治十五年（1502）壬戌科会试，鲁铎夺得会元，正德十一年（1516），任国子监祭酒。从鲁铎在世时起至今，他的品格、气节和学问就备受称赞。他年幼时，家境尚好，九岁就开始接受教育。他景仰"东冈子"陆羽的品格和才华，后自号"东冈居士"。他曾作《东冈》诗来抒发自己的志向，至今流传于世：

（一）

湖上东冈旧得名，结庐高处作书生。
北瞻京国寸心远，下瞰郊原四面平。
风景闲时皆好况，云霄何日是前程。
梧桐生在朝阳里，听取丹山彩凤鸣。

（二）

古树冈头屋数椽，主人家世只残编。
住临江汉东南会，望到云龙五百年。
七泽鸢鱼皆道体，九州兄弟或颠连。
西周老凤将雏近，几见儿童日影圆。

正德九年（1514），鲁铎延请宫廷画师、江西泰和人郭诩（1456—1529）绘制《竟陵四景图》（或称《竟陵山水图》），第一景为《东冈石湖》，“东冈”也就是“东冈子”“东冈居士”的东冈，石湖就是松石湖。

到了清代，《茶经》的刊刻和明代大致相同，《茶经》大多保存于丛书里，较少单独翻刻。较特殊者为雍正年间，福建茶官陆廷灿的《续茶经》，冠《茶经》于卷首，以己作续之，全据《茶经》之次第分章，补录《茶经》以后的历代史料。最完备的《茶经》版本，当为清末常乐所刊《陆子茶经》本，书后附刻史料多达二十三种之多，历代无出其右。自古以来，茶界视《茶经》为至宝，不敢作任何更动，唯有《四库全书》本，以犯“胡”讳而略有改动。

民国以来，《茶经》流行状况大致和清代相同，有两点值得特别一说：一是大量以珂罗版影印古茶书，不必重新刻版，即可影印古书，于是左圭《百川学海》本、《华珵百川学海》本等高价值的版本都翻印流行。二是张宗祥校《说郛》本校刊精良，作为唯一无注本，颇资研究参考。

台湾地区茶史上最早从事《茶经》研究工作的为林荆南，他在1976年根据张宗祥刊本，将《茶经》注译，这是最早的《茶经》译注本。接着是张迅齐在1978年将日本《中国之茶书》里的《茶经》译成中文。1980年朱小明根据日本《中国之茶书》，将《茶经》译入《茶史茶典》里。此后《茶经》的译注就没有进展了。倒是张宏庸对陆羽的著述，有了一个比较完整的整理工作，包括《陆羽全集》的辑校工作、《陆羽茶经丛刊》的搜录古书工作、《陆羽茶经译丛》的收录外国图书、《陆羽书录》的总目提要、《陆羽图录》的文物图录，以及《陆羽研究资料汇编》的相关史料整理。可惜后来并未继续刊载研究成果，使整个陆羽的研究悬宕未完。

大陆地区对于陆羽的研究始于20世纪80年代，短短几年，《茶经》就有数个译本：邓乃朋《茶经注释》，张芳赐、赵从礼、喻盛甫《茶经浅释》，傅树勤、欧阳勋《陆羽茶经译注》，蔡嘉德、吕维新《茶经语释》，吴觉农《茶经述评》，周靖民《陆羽茶经校释》，八年内就有六个译本。

前面我们讲到，《陆羽传》说，陆羽著《茶经》后“天下益知饮茶矣”。宋代陈师道为《茶经》作序曰：“夫茶之著书，自羽始；其用于世，亦自羽始，羽诚有功于茶者也。上自宫省，下迨邑里，外及戎夷蛮狄，宾祀燕享，预陈于前。山泽以成市，商贾以起家，又有功于人者也。”《茶经》大大推动了唐代及唐代以后茶叶的生产和茶文化的传播。《茶经》之后，茶叶专著陆续问世，代表作有宋代蔡襄的《茶录》、赵佶《大观茶论》、朱子安《东溪试茶录》，明代罗禀《茶解》、朱权《茶谱》、许次纾《茶疏》，清代刘源长《茶史》、陆廷灿《续茶经》等，进一步推动了中国茶事研究的发展。

明代宜兴窑变龚春茶壶。选自明代项元汴撰、（英）卜士礼译编《历代名瓷图谱》，1908年英国牛津中英文对照本。

肆

第四讲

《茶经》释义（上）

品茶图。选自《历代名公画谱》（《顾氏画谱》），原明代顾炳摹写辑录，日本天明四年（1784）谷文晁摹明代万历时期顾三聘、三锡刊本。相传先为唐代阎立本原绘、后有赵孟頫、钱选等多个摹本。

在接下来的两讲中，我们主要对《茶经》[①]进行释义，力求忠实原文、通俗易懂。当然，对有的注释和译文也作了必要的订正，加入了我们的理解。

一、茶的起源

【原文】

［一之源］茶者，南方之嘉木也。一尺、二尺乃至数十尺。其巴山峡川[1]，有两人合抱者，伐而掇（duó）[2]之。其树如瓜芦，叶如栀子，花如白蔷薇，实[3]如栟榈（bīng lǘ）[4]，蒂如丁香，根如胡桃。（瓜芦木，出广州，似茶，至苦涩。栟榈，蒲葵之属，其子似茶。胡桃与茶，根皆下孕，兆至瓦砾，苗木上抽。）

其字，或从草，或从木，或草木并。（从草，当作“茶”，其字出《开元文字音义》。从木，当作“搽”，其字出《本草》。草木并，作“荼”，其字出《尔雅》。）

其名，一曰茶，二曰槚（jiǎ）[5]，三曰蔎（shè）[6]，四曰茗，五曰荈（chuǎn）。（周公云：“槚，苦茶。”扬执戟云：“蜀西南人谓茶曰蔎。”郭弘农云：“早取为茶，晚取为茗，或一

① 主要参考杜斌译注：《茶经·读茶经》，中华书局2020年版。

曰荈耳。”）

其地，上者生烂石，中者生栎（lì）壤（“栎”字当从石，为“砾”），下者生黄土。艺[7]而不实，植而罕茂。法如种瓜，三岁可采。野者上，园者次；阳崖阴林，紫者上，绿者次；笋者上，芽者次；叶卷上，叶舒次[8]。阴山坡谷者，不堪采掇，性凝滞[9]，结瘕（jiǎ）[10]疾。

茶之为用，味至寒，为饮，最宜精行俭德之人。若热渴、凝闷、脑疼、目涩、四肢烦、百节不舒，聊四五啜（chuò），与醍醐（tí hú）、甘露[11]抗衡也。

采不时，造不精，杂以卉莽，饮之成疾。茶为累也，亦犹人参。上者生上党[12]，中者生百济、新罗[13]，下者生高丽[14]。有生泽州、易州、幽州、檀州[15]者，为药无效，况非此者！设服荠苨（qí nǐ）[16]，使六疾[17]不瘳（chōu）[18]。知人参为累，则茶累尽矣。

【注释】

［1］巴山峡川：巴山，泛指四川省东部，即今重庆地区和毗邻巴山的陕西南部一些地带。峡川，泛指湖北西部。

［2］掇：采摘。

［3］实：种子。

［4］栟榈：棕树。

［5］槚：茶，茶树的古称。

[6] 荍：古书上说的一种香草，这里指茶。

[7] 艺：栽种、种植的意思。

[8] 叶卷上，叶舒次：叶片呈卷状的茶叶质量上佳，叶片舒展平直的茶叶质量较差。

[9] 凝滞：凝结不散，这里指茶叶的品质不好。

[10] 瘕：腹中肿块，这里指腹胀。

[11] 醍醐、甘露：都是古人心中十分美妙的饮品。醍醐，酥酪上凝聚的油，味甘美。甘露，即露水，被古人称之为"天之津液"。

[12] 上党：唐代郡名，治所在今山西长治市长子、潞城一带。

[13] 百济、新罗：是唐代位于朝鲜半岛上的两个小国。百济在半岛西南部，新罗在半岛东南部。

[14] 高丽：应为高句丽，唐代周边小国之一。

[15] 泽州、易州、幽州、檀州：都是唐代的州名，治所分别在今山西晋城、河北易县、北京市区北、北京市怀柔县一带。

[16] 荠苨：一种外形很像人参的野果。

[17] 六疾：即寒疾、热疾、末（四肢）疾、腹疾、惑疾、心疾六种疾病，这里泛指人遇阴、阳、风、雨、晦、明天气而得的多种疾病。

[18] 瘳：痊愈。

【译文】

茶，是我国南方的一种品质优良的树木。它高一尺到二尺，有的甚至高达数十尺；在巴山、峡川一带，就有树干粗到需要两人合抱的茶树，只有将树干砍倒，把树枝砍下来才能采摘到芽叶。这种树的形状像瓜芦树，树叶像栀子叶，花朵像白蔷薇，种子像栟榈种子，蒂像丁香蒂，根部像胡桃。（瓜芦树生长在广州一带，树形很像茶树，树叶的味道极为苦涩。栟榈隶属蒲葵科，它的种子像茶籽。胡桃与茶树的根部都是深深地扎入地下的，直到碎石层里，树苗才向上生长。）

从字形上看，"茶"字有的从"草"部，有的从"木"部，有的"草""木"兼从。（从"草"部的写作"茶"，出自《开元文字音义》。从"木"部的写作"槚"字，出自《唐本草》。"草""木"兼从，写成"荼"，来源于《尔雅》）

茶的名称主要有五种：一称"茶"，二称"槚"，三称"蔎"，四称"茗"，五称"荈"。（周公说："槚，即苦茶。"扬雄说："蜀地西南一带的人把'茶'叫作'蔎'。"郭璞说："早上采摘的是'茶'，晚上采摘的是'茗'，也叫'荈'。"）

种植茶树的环境，以岩石充分风化的土壤为最好，含有碎石子的砂质土壤次之（"栎"字从"石"为"砾"），黄土为最差。通常情况下，如果栽种时土壤不松实适宜，栽种后难以旺盛生长。应该按种瓜的方法来种茶，种植三年就可以采摘茶叶了。茶叶的品质，以山野自然生长的上佳，在园圃栽种的较次；在向阳面山坡上的林荫下生长的茶树，其芽叶呈紫色的上佳，绿色的差些；芽叶以节间长、外形细长如笋的上佳，芽叶细短的较次；叶芽卷曲的上佳，叶芽舒展平直的较次。在背阴面山坡或深谷中生长的不宜采摘，因为它的茶性凝结不散，喝了会使人腹胀。

茶的功效，因为其性寒凉，作为饮料，最适合品行端正、有节俭美德的人饮用。如果感到发烧、口渴、胸闷、头疼、眼干眼涩、四肢无力、关节酸痛，喝上四五口，其功效与醍醐、甘露不相上下。

如果茶叶采摘的时机不对，茶叶的制作不够精良，里面掺有野草败叶等杂质，饮用后便会生病。茶的品质差异是很大的，对人体健康的作用就像人参一样。上党出产的人参品质最好，百济、新罗出产的人参品质居中，高丽出产的品质最差。而泽州、易州、幽州、檀州等地出产的人参，则完全没有什么药用效果，更何况还有比它们更次的呢！如同服用了类似人参的荠苨，对疾病根本就没有治愈的作用一样。明白了劣质人参的危害，饮用劣质茶的危害也就不言而喻了。

二、采制工具

【原文】

［二之具］籝（yíng）[1]：一曰篮，一曰笼，一曰筥（jǔ）[2]。以竹织之，受五升，或一斗、二斗、三斗者，茶人负以采茶也。（籝，《汉书》音盈，所谓“黄金满籝，不如一经”。颜师古云：“籝，竹器也，受四升耳。”）

灶：无用突[3]者。

釜[4]：用唇口者。

甑（zèng）[5]：或木或瓦，匪腰而泥。篮以箅（bì）[6]之，篾[7]以系之。始其蒸也，入乎箅；既其熟也，出乎箅。釜涸，注于甑中（甑，不带而泥之）。又以榖（gǔ）木枝三亚（亚字当作椏，木椏枝也）者制之，散所蒸芽笋并叶，畏流其膏。

杵臼（chǔ jiù）：一曰碓（duì），惟恒用者佳。

规：一曰模，一曰棬（quān）。以铁制之，或圆，或方，或花。

承：一曰台，一曰砧。以石为之。不然，以槐、桑木半埋地中，遣无所摇动。

襜（chān）[8]：一曰衣。以油绢或雨衫、单服败者为之。以襜置承上，又以规置襜上，以造茶也。茶成，举而易之。

芘（pí）莉[9]：一曰籯子，一曰篣筤（pāng lāng）[10]。以二小竹，长三尺，躯二尺五寸，柄五寸。以篾织方眼，如圃人土罗，阔二尺，以列茶也。

棨（qǐ）[11]：一曰锥刀。柄以坚木为之，用穿茶也。

扑[12]：一曰鞭。以竹为之，穿茶以解茶也。

焙：凿地深二尺，阔二尺五寸，长一丈。上作短墙，高二尺，泥之。

贯：削竹为之，长二尺五寸。以贯茶焙之。

棚：一曰栈。以木构于焙上，编木两层，高一尺，以焙茶也。茶之半干，升下棚；全干，升上棚。

穿：江东、淮南剖竹为之，巴山、峡川纫榖皮为之。江东以一斤为上穿，半斤为中穿，四两、五两为小穿。峡中以一百二十片为上穿，八十片为中穿，五十片为小穿。“穿”字旧作“钗钏”之“钏”字，或作“贯串”。今则不然，如“磨、扇、弹、钻、缝”五字，文以平声书之，义以去声呼之，其字以“穿”名之。

育：以木制之，以竹编之，以纸糊之。中有隔，上有覆，下有床，傍有门，掩一扇。中置一器，贮煻煨（táng wēi）火，令煴（yūn）煴然[13]。江南梅雨时，焚之以火。（育者，以其藏养为名。）

【注释】

[1] 籯：竹制的箱、笼、篮子等盛物器具。

[2] 筥：圆形的盛物竹器，一般用来盛米，也可以用来盛茶。

[3] 突：烟囱。

[4] 釜：古代一种炊器，敛口圆底，有二耳，盛行于汉代，有铁制的，也有铜和陶制的。

[5] 甑：古代的一种蒸炊器，类似于现代的蒸笼，里面还有带孔的隔板。

[6] 箅：蒸笼中的竹屉。

[7] 篾：长条细薄竹片。

[8] 襜：即围裙，系在衣服前面，使衣服不容易被弄脏。百川学海本作“檐”。

[9] 芘莉：竹制的盘子类器具，脱模后的茶饼一般都放在芘莉上晾干。

[10] 篣筤：竹制的笼、盘一类盛物器具。

[11] 棨：穿茶饼用的锥刀。

[12] 扑：一种竹制的穿茶工具。

[13] 煴煴然：火热微弱的样子。煴，没有光焰的火。

【译文】

籯：也叫篮、笼或筥。用竹子编织而成，容积通常为五升，也有一斗、二斗或三斗的，茶农采茶时背在肩上。（籯，《汉书》音盈，所谓"留给儿孙满籯黄金，不如留给他一本有用的经书"。颜师古说："籯，是一种竹制的容器，能容纳四升的东西。"）

灶：生火用的灶不要使用带烟囱的。

釜：用锅口有唇边的。

甑：用木头或陶土制成，腰部用泥封好的容器。甑里面有蒸箅，并用细竹片系牢。蒸茶时，将芽叶放到蒸箅上；蒸熟后，就把茶叶从蒸箅上倒出。锅里的水干了，可以往甑中加水，（甑子不要带捆，要用泥封）。同时用三杈桠形（"亚"当作"桠"字，桠是木的分支）的榖木翻拌、摊凉蒸好的芽叶，以防止茶汁流走。

杵臼：又名碓，以经常使用的为好。

规：又叫模，又叫棬。通常用铁打制而成，呈圆形、方形，或者各种其他花样的形状。

承：又叫台，又叫砧。用石料制成。如果不是用石头制成，而是用槐木、桑木做成的，就要把槐木、桑木的下半截埋进土中，使其牢固而不能晃动。

襜：又叫衣，通常用油绢或穿坏了的雨衣、单衣等做成。将

“襜”放在“承”上，再将“规”放在“襜”上，即可压紧制造饼茶了。茶饼压好后取出来，继续压制下一块茶饼。

芘莉：又叫籯子，或篣筤。用两根各长三尺的小竹竿制成，用竹篾编成身长二尺五寸、柄长五寸、中间有方眼、宽二尺的土筛，像种菜人用的筛箩，用来铺放茶饼。

棨：又叫锥刀。（其）手柄用坚实的木料制成，是用来给饼茶穿洞眼的。

扑：又叫鞭。用竹子编成，用来把茶饼穿成串，以便搬运。

焙：在地上挖出深二尺、宽二尺五寸、长一丈的坑，坑周围砌上二尺高的矮墙，用泥抹平整。

贯：用竹子削制而成，长二尺五寸，用来穿茶烘焙。

棚：又叫栈。把做好的木架子放在焙上，分上下两层，中间间隔一尺左右，用来烘茶。茶叶半干时，放在下层；茶叶烘得全干时，就把它放在上层。

穿：江东、淮南地区用竹篾编成；巴山、峡川地区用榖树皮做成。（用来贯串制好的茶饼。）江东把穿成一斤的茶叶称为“上穿”，穿成半斤的称为“中穿”，穿成四两、五两（十六两制）的称为“小穿”。峡中地区则称穿成一百二十片的为“上穿”，穿成八十片的为“中穿”，穿成五十片的为“小穿”。“穿”字，以前写作“钗钏”的“钏”字，或者写作“贯串”的“串”字。现在改变了，如“磨、扇、弹、钻、缝”这五个字，以平声字书写，读起来用去声表达意义。此处把它叫作穿。

育：用木材制成框架，用竹篾编织外围，再用纸裱糊。中间有隔层，上面有盖，下面有底，侧面开有小门，虚掩一扇。在中间放置一个器皿，盛有火灰，（架上火炉）点上小火以保持温热。江南梅雨季节时，就要烧起明火防潮了。（育，因有藏养作用而得名。）

三、茶叶采制

【原文】

[三之造] 凡采茶，在二月、三月、四月之间。

茶之笋者，生烂石沃土，长四五寸，若薇蕨[1]始抽，凌[2]露采焉。茶之芽者，发于蘩（cóng）薄[3]之上，有三枝、四枝、五枝者，选其中枝颖拔者采焉。

其日，有雨不采，晴有云不采。晴，采之，蒸之，捣之，拍之，焙之，穿之，封之，茶之干矣。

茶有千万状，卤莽[4]而言，如胡人靴者，蹙（cù）缩然（京锥文也）；犎（fēng）牛臆者，廉襜[5]然（犎，音朋，野牛也）；浮云出山者，轮囷（qūn）然[6]；轻飙拂水者，涵澹（dàn）然；有如陶家之子，罗膏土以水澄泚（dèng cǐ）之（谓澄泥也）；又如新治地者，遇暴雨流潦（lǎo）之所经。此皆茶之精腴（shòu）。有如竹箨（tuò）[7]者，枝干坚实，艰于蒸捣，故其形簏簁（shài shāi）[8]然（上泥下师）；有如霜荷者，茎叶凋沮（jǔ），易其状貌，故厥状委悴然[9]。此皆茶之瘠老者也。

自采至于封，七经目[10]。自胡靴至于霜荷，八等。

或以光黑平正言嘉者，斯鉴之下也；以皱黄坳垤（dié）[11]言嘉者，鉴之次也；若皆言嘉及皆言不嘉者，鉴之上也。何者？出膏者光，含膏者皱；宿制者则黑，日成者则黄；蒸压则平正，纵之则坳垤，此茶与草木叶一也。

茶之否臧（pǐ zàng）[12]，存于口诀。

【注释】

[1] 薇蕨：都是野菜，野生的多年生草本植物，嫩叶都可以食用，二者都在春季抽芽生长。

[2] 凌：带着、沾有。

[3] 藂薄：藂，同“丛”。灌木、杂草丛生的地方。

[4] 卤莽：卤同“鲁”。这里是粗略的意思。

[5] 廉襜：廉即簾，帘子。襜，裙子。

[6] 轮囷然：屈曲的样子。

[7] 竹箨：竹笋的外壳。

[8] 籭簁：竹筛，可以用来分物品的粗细。

[9] 委悴然：枯萎憔悴貌。

[10] 经目：程序、工序。

[11] 坳垤：土地低下处叫坳，小土堆叫垤，形容茶饼表面的凹凸不平。

[12] 臧：褒奖，这里指茶的品质好。

【译文】

采茶一般是在二月、三月、四月之间进行。

肥厚壮实的芽叶如同嫩笋，生长在含有碎石的土壤中，长度有四至五寸，好像刚刚破土而出的嫩薇、蕨芽，清晨带着露水去采摘最好。细小的芽叶，多生长在草木丛中。一个枝条上有三、四、五个分枝的，选择其中叶片秀长挺拔的采摘。

采摘要看天气，雨天不能采，晴天有云时也不能采。只有天气晴朗时才能采摘，当天就将采摘的芽叶进行蒸、捣、拍、焙、穿、封，这样能保持茶叶干燥（，也便于保存）。

饼茶的形状千姿百态，粗略地说，有的像胡人的皮靴，紧皱蜷缩（像箭矢上刻的纹理）；有的像野牛的胸骨，细长齐整有细微的褶痕（犎，音朋，即野牛）；有的像在山头缭绕的白云，团团盘曲；有的像轻风拂水，微波涟漪；有的像陶匠筛出细土，再用水沉淀出的泥膏那么光滑润泽（澄清筛过的泥土）；有的又像新整的土地，被暴雨急流冲刷而高低不平。这些都是茶中精品。有的形如笋壳，枝梗坚硬，很难蒸捣，所以形状如箩筛（簏音泥，簁音师）；有的像被霜打过的荷叶，凋零败坏，变了形状，呈现出衰萎的样子。这些都是粗老、劣质的茶叶。

茶从采摘到封装，一共有七道工序。从类似靴子的皱缩状到类似经霜荷的衰萎状，共八个等级。

对于成茶，有的人把光亮、色深、平整作为好茶的标志，这是鉴别茶叶的低级方法；把皱缩、黄色、凹凸不平作为好茶的特征，这是次等的鉴别方法；若既能指出茶的佳处，又能道出不好处，才是最会鉴别茶的。为什么呢？因为析出了茶汁的茶叶就光亮，含着茶汁的就皱缩；过了夜制成的色黑，当天制成的色黄；蒸后压得紧的就平整，任其自然的就凹凸不平。这是茶和草木叶子共同的特点。

茶的品质是好是坏，是有一套鉴别口诀的。

四、煮茶用具

【原文】

［四之器］风炉（灰承）：风炉，以铜、铁铸之，如古鼎形。厚三分，缘阔九分，令六分虚中，致其圬墁（wū màn）[1]。凡三足，古文书二十一字：一足云“坎上巽（xùn）下离于中[2]”，一足云“体均五行去百疾”，一足云“圣唐灭胡[3]明年铸”。其三足之间设三窗，底一窗以为通飙漏烬之所。上并古文书六字：一窗之上书“伊公”二字，一窗之上书“羹陆”二字，一窗之上书“氏茶”二字，所谓“伊公羹、陆氏茶[4]”也。置墆埭（dié niè）[5]于其内，设三格：其一格有翟（dí）焉，翟者，火禽也，画一卦曰离；其一格有彪焉，彪者，风兽也，画一卦曰巽；其一格有鱼焉，鱼者，水虫也，画一卦曰坎。巽主风，离主火，坎主水，风能兴火，火能熟水，故备其三卦焉。其饰，以连葩、垂蔓、曲水、方文之类。其炉，或锻铁为之，或运泥为之，其灰承作三足，铁柈（pàn）[6]台之。

筥：筥，以竹织之，高一尺二寸，径阔七寸。或用藤，作木楦（xuàn）如筥形织之，六出固眼。其底盖若利箧（qiè）口，铄（shuò）之。

炭挝（zhuà）：以铁六棱制之。长一尺，锐上丰中，执细。头系一小锯（zhǎn），以饰挝也。若今之河陇军人木吾[7]也。或作锤，或作斧，随其便也。

火筴：火筴，一名筯（zhù），若常用者，圆直一尺三寸。顶平截，无葱台[8]、勾锁之属。以铁或熟铜制之。

鍑（fù）（音辅，或作釜，或作鬴）：鍑，以生铁为之。今人有业冶者，所谓急铁，其铁以耕刀之趄（qiè）[9]炼而铸之。内摸土而外摸沙。土滑于内，易其摩涤；沙涩于外，吸其炎焰。方其耳，以正令也；广其缘，以务远也；长其脐，以守中也。脐长，则沸中；沸中，则末易扬；末易扬，则其味淳也。洪州[10]以瓷为之，莱州[11]以石为之，瓷与石皆雅器也，性非坚实，难可持久。用银为之，至洁，但涉于侈丽。雅则雅矣，洁亦洁矣，若用之恒，而卒归于铁也。

交床：交床，以十字交之，剜（wàn）中令虚，以支鍑也。

夹：夹，以小青竹为之，长一尺二寸。令一寸有节，节已上剖之，以炙茶也。彼竹之篠（xiǎo）[12]，津润于火，假其香洁以益茶味。恐非林谷间莫之致。或用精铁、熟铜之类，取其久也。

纸囊：纸囊，以剡藤纸[13]白厚者夹缝之，以贮所炙茶，使不泄其香也。

碾（拂末）：碾，以橘木为之，次以梨、桑、桐、柘（zhè）

为之。内圆而外方。内圆，备于运行也；外方，制其倾危也。内容堕而外无余木，堕，形如车轮，不辐而轴焉。长九寸，阔一寸七分。堕径三寸八分，中厚一寸，边厚半寸，轴中方而执圆。其拂末，以鸟羽制之。

罗合：罗末，以合盖贮之，以则置合中。用巨竹剖而屈之，以纱绢衣之。其合，以竹节为之，或屈杉以漆之。高三寸，盖一寸，底二寸，口径四寸。

则：则，以海贝、蛎蛤（lì gé）之属，或以铜、铁、竹匕[14]、策之类。则者，量也，准也，度也。凡煮水一升，用末方寸匕[15]。若好薄者减之，嗜浓者增之，故云则也。

水方：水方，以椆（音胄，木名也）木、槐、楸（qiū）、梓（zǐ）等合之，其里并外缝漆之，受一斗。

漉（lù）水囊[16]：漉水囊，若常用者。其格，以生铜铸之，以备水湿，无有苔秽腥涩意。以熟铜苔秽，铁腥涩也。林栖谷隐者，或用之竹木。木与竹非持久涉远之具，故用之生铜。其囊，织青竹以卷之，裁碧缣（jiān）以缝之，纽翠钿（diàn）以缀之，又作绿油囊以贮之。圆径五寸，柄一寸五分。

瓢：瓢，一曰牺杓（sháo）。剖瓠（hù）为之，或刊木为之。晋舍人杜育[17]《荈赋》云："酌之以匏（páo）。"匏，瓢也。口阔，胫薄，柄短。永嘉中，余姚人虞洪入瀑布山采茗，遇一道士，云："吾，丹丘子，祈子他日瓯牺之余[18]，乞相遗（wèi）也。"牺，木杓也，今常用以梨木为之。

筴：筴，或以桃、柳、蒲葵木为之，或以柿心木为之。长一尺，银裹两头。

鹾（cuó）簋[19]（揭）：鹾簋，以瓷为之，圆径四寸，若合形。或瓶或罍（léi），贮盐花也。其揭，竹制，长四寸一分，阔九分。揭，策也。

熟盂：熟盂，以贮熟水，或瓷或沙，受二升。

碗：碗，越州[20]上，鼎州次，婺（wù）州次，岳州次，寿州、洪州次[21]。或者以邢州[22]处越州上，殊为不然。若邢瓷类银，越瓷类玉，邢不如越一也；若邢瓷类雪，则越瓷类冰，邢不如越二也；邢瓷白而茶色丹，越瓷青而茶色绿，邢不如越三也。晋杜育《荈赋》所谓："器择陶拣，出自东瓯。"瓯，越也。瓯，越州上，口唇不卷，底卷而浅，受半升已下。越州瓷、岳瓷皆青，青则益茶，茶作白红之色。邢州瓷白，茶色红；寿州瓷黄，茶色紫；洪州瓷褐，茶色黑。悉不宜茶。

畚（běn）[23]：畚，以白蒲卷而编之，可贮碗十枚。或用筥。其纸帊（pà）以剡纸夹缝令方，亦十之也。

札：札，缉栟榈皮，以茱萸（zhù yù）木夹而缚之，或截竹束而管之，若巨笔形。

涤方：涤方，以贮涤洗之余。用楸木合之，制如水方，受八升。

滓方：滓方，以集诸滓，制如涤方，处五升。

巾：巾，以絁（shī）布[24]为之，长二尺，作二枚，互用之，以洁诸器。

具列：具列，或作床，或作架。或纯木、纯竹而制之，或木或

竹，黄黑可扃（jiōng）[25]而漆者。长三尺，阔二尺，高六寸。具列者，悉敛诸器物，悉以陈列也。

都篮：都篮，以悉设诸器而名之。以竹篾内作三角方眼，外以双篾阔者经之，以单篾纤者缚之，递压双经，作方眼，使玲珑。高一尺五寸，底阔一尺，高二寸，长二尺四寸，阔二尺。

【注释】

[1] 圬墁：亦作“污墁”“污镘”，是一种粉刷墙壁用的工具，这里指涂泥。

[2] 坎上巽下离于中：坎、巽、离都是八卦的卦名，坎为水，巽为风，离为火。

[3] 圣唐灭胡：指唐朝平息安史之乱，时在唐广德元年（763），圣唐灭胡明年则是764年。圣唐灭胡明年铸，指这个鼎铸于764年。

[4] 伊公羹、陆氏茶：伊公，指商汤时期的大尹伊挚，相传他善调汤味，世称“伊公羹”。陆，即陆羽自己。“陆氏茶”，指陆羽的茶具。

[5] 墆㙞：土堆。墆，贮藏。

[6] 柈：通“盘”，盘子。

[7] 木吾：木棒。汉代御史、校尉等官员皆用木吾夹车。

[8] 葱台：葱的籽实，长在葱的顶部呈圆珠形。

[9] 趄：艰难行走的意思。成语有“趑趄不前”，在这里引申为坏的、旧的。

［10］洪州：唐时州名，治所在今江西南昌一带。

［11］莱州：唐时州名，治所在今山东莱州一带。

［12］筱：这里指小竹、细竹。

［13］剡藤纸：以产于剡县（今嵊州）而得名，用藤为原料制成，洁白细致有韧性，为唐时包茶专用纸。

［14］竹匕：用竹制成的匙子。

［15］用末方寸匕：用竹匙挑起茶叶末大概一寸见方。

［16］漉水囊：即滤水袋。漉，过滤。

［17］杜育：字方叔，西晋文学家，与左思、陆机齐名，曾任中书舍人等职。百川学海本"育"作"毓"。

［18］瓯牺之余：在王浮《神异记》有记载："余姚人虞洪入山采茗，遇一道士，牵三青牛，引洪至瀑布山，曰：'予丹丘子也，闻子善具饮，常思见惠，山中有大茗，可以相给。祈子他日有瓯牺之余，乞相遗也。'"瓯、牺，盛茶汤的容器。

［19］鹾簋：盐罐。鹾，盐。

［20］越州：治所在今浙江绍兴地区，唐时越窑主要在余姚，所产青瓷，极名贵。

［21］岳州次，寿州、洪州次：岳州、寿州、洪州，都是唐时的州郡名，治所分别在今湖南岳阳、安徽寿县、江西南昌一带。

［22］邢州：唐时州郡名，治所在今河北邢台一带。

［23］畚：即簸箕。

［24］纯布：粗绸。

［25］扃：可关锁的门，这里用作动词，关门的意思。

【译文】

风炉（含灰承）：风炉，用铜或铁铸成，形同古鼎的样子。炉壁有三分厚，炉口上的边缘有九分宽，比炉壁多出的六分向内，下面虚空，用泥涂糊，形成炉堂。炉有三只脚，脚上铸有二十一个古字：一只脚上写有“坎上巽下离于中”，一只脚上写有“体均五行去百疾”，另一只脚上写有“圣唐灭胡明年铸”。在三只炉脚之间有三个洞口，炉底下的一个洞用来通风漏灰烬。三个洞口上写有六个古字：一个洞口上写“伊公”二字，一个洞口上写“羹陆”二字，一个洞口上写“氏茶”二字，意思就是“伊公羹，陆氏茶”。支撑锅子用的垛放置在风炉内，其内分为三格：一格上画有野鸡图案，野鸡是火禽，此为离卦；一格上画有似虎非虎的彪的图案，彪是风兽，此为巽卦；一格上画有鱼的图案，鱼是水虫，此为坎卦。“巽”表示风，“离”表示火，“坎”表示水。风能使火烧旺，火能把水煮开，所以要有这三卦。炉身通常用花卉、树木、流水、方形花纹等图案来装饰。风炉的炉身有用铁锻造的，也有用泥土烧制的，风炉的灰承，通常有一个三只脚的铁盘托住。

筥：筥，用竹子编制而成，高一尺二寸，直径七寸。也有用木料做成筥形的木架模型，再用藤条编在外面。有六角的坚固洞眼。底和盖像小木箱子，表面削得很光滑。

炭檛：炭檛，用六棱形的铁棒制成。长一尺，一端尖，中间粗，握处细。握的那头可以套一个小环作为装饰。很像现在河陇地带的军人使用的木棒。也有的根据使用的方便，做成槌形或斧形的。

火筴：火筴，又叫筯，就是平常用的火钳，圆且直，长一尺三寸。火筴顶端平齐，没有葱台、勾锁之类的东西装饰。通常用铁或熟铜制成。

锼（音辅，或作釜，或作鬴）：锼，用生铁做成。“生铁”即现在以冶铁为生的人所说的“急铁”，这种铁是用坏了的耕刀炼铸的。铸锅时，在内面抹上泥，外面抹沙土。内面抹上泥，锅面光滑，容易磨洗；外面抹上沙，表面和锅底粗糙，容易吸热。锅耳成方形，让锅身端正；锅边要宽，好伸展开；锅脐要长，使水能集中在锅的中心。锅脐长，水就在锅的中心沸腾；这样，茶末就容易上浮；茶末上浮，茶的味道就更加甘醇了。洪州人用瓷器做锅，莱州人用石材做锅，瓷锅和石锅都是雅致好看的器皿，但不坚固，不耐用。用银做锅，非常清洁，但不免过于奢侈了。雅致固然雅致，清洁确实清洁，但从耐久实用看，还是以铁制的为最好。

交床：交床，十字交叉的木架，把中间挖空，用来支撑锅。

夹：夹，用小青竹制成，长一尺二寸。让一头的一寸处有节，节以上剖开，用来夹着茶饼烘烤。让那细竹条，在火上烤出水来，借它的香气来增加茶的香味。但如果不是在山林间烤茶，恐怕难以弄到这种青竹。有的用好铁或熟铜制作，取其耐用的长处。

纸囊：纸囊，用两层又白又厚的剡藤纸做成，用来贮放烤好的茶，使香气不轻易散失。

碾槽（拂抹）：碾槽，最好用橘木做，也有的用梨木、桑木、桐木、柘木做成。碾槽内圆外方。内圆以便运转，外方防止翻倒。

槽内刚好放得下一个碾磙，再无空隙。碾磙，形状像车轮，只是没有车辐，中心安一根轴。轴长九寸，宽一寸七分。碾磙，直径三寸八分，当中厚一寸，边缘厚半寸，轴中间是方形的，手握的地方是圆形的。拂末（扫茶末用），用鸟的羽毛制成。

罗合：合是用来装茶叶的，把用罗筛出的茶末放在合中盖紧存放，把“则”（量器）也放在合中。罗用大竹剖开弯曲成圆形，罗底安上纱或绢。合用竹节制成，或用杉树片弯曲成圆形，加上油漆。合高三寸，盖一寸，底二寸，合口直径四寸。

则：则，用海中的贝壳之类，或用铜、铁、竹做的匙、小箕之类充当。“则”就是度量标准的意思。一般说来，烧一升的水，用一方寸匕的匙量取茶末。如果喜欢味道清淡的就减少用量，喜欢喝浓茶的就增加茶末，因此这种容器叫“则”。

水方：水方，用椆（音胄，为木名）、槐、楸、梓等木料制作，里面和外面的缝都用油漆封实，容水量一斗。

漉水囊：漉水囊，同常用的滤水用具一样。它的骨架用生铜铸造，以免打湿后附着铜绿和污垢，使水有腥涩味道。用熟铜，易生铜绿污垢；用铁，易生铁锈，使水腥涩。隐居山林的人，也有用竹或木制作。但竹木制品都不耐用，不便携带远行，所以用生铜做。滤水的袋子，用青篾丝编织，卷曲成袋形，再裁剪碧绿绢缝制，缀上翠钿作装饰，又做一个绿色油布口袋把漉水囊整个装起来。漉水囊的骨架口径五寸，柄长一寸五分。

瓢：瓢，又叫牺、杓。把葫芦剖开制成，或是用树木挖成。西晋中书舍人杜育的《荈赋》说：“用匏舀取。”匏，就是瓢。口阔，瓢身薄，柄短。晋代永嘉年间，余姚人虞洪到瀑布山采茶，遇见一个道士对他说："我是丹丘子，希望你改天把瓯、牺中多的茶送点我喝。"牺，就是木杓。现在常用的以梨木挖成。

筴：筴，有用桃木、柳木、蒲葵木做的，或用柿心木做的。长一尺，用银包裹两头。

鹾簋（揭）：鹾簋，用瓷做成，圆形，直径四寸，像"合"的形状。也有的瓶形，有的小口坛形，装盐用。它的揭，用竹制成，长四寸一分，宽九分。这种揭，是取盐用的工具。

熟盂：熟盂，用来盛开水的，用瓷器或陶器制成，容量二升。

碗：碗，越州产的品质最好，鼎州、婺州的差些，岳州的再差点，寿州、洪州的更差些。有人认为邢州产的比越州好，（我认为）完全不是这样。如果说邢州瓷质地像银，那么越州瓷就像玉，这是邢瓷不如越瓷的第一点；如果说邢瓷像雪，那么越瓷就像冰，这是邢瓷不如越瓷的第二点；邢瓷白而使茶汤呈红色，越瓷青而使茶汤呈绿色，这是邢瓷不如越瓷的第三点。西晋杜育《荈赋》说："器择陶拣，出自东瓯（挑拣陶瓷器皿，好的出自东瓯）。"瓯（地名），就是越州，瓯（容器名，形似瓦盆），越州产的最好，口不卷边，底卷边而浅，容积不超过半升。越州瓷、岳州瓷都是青色，能增进茶的水色，使茶汤现出白红色。邢州瓷白，茶汤是红色；寿州瓷黄，茶汤呈紫色；洪州瓷褐，茶汤呈黑色。这些碗都不适合盛茶。

畚：畚，用白蒲草编成，可放十只碗。也有的用竹筥。纸帕，用两层剡纸，裁成方形，也能放十只碗。

札：札，用茱萸木夹上棕榈皮，捆紧，或用一段竹子，扎上棕榈纤维，像大毛笔的样子（作刷子用）。

涤方：涤方，盛洗涤后的水。用楸木制成，制法和水方一样，容积八升。

滓方：滓方，用来盛各种茶渣。制作如涤方，容积五升。

巾：巾，用粗绸子制作，长二尺，做两块，交替使用，以清洁各种器具。

具列：具列，做成床形或架形。或纯用木制，或纯用竹制，也可木竹兼用，做成小柜，漆作黄黑色，可以关门。长三尺，宽二尺，高六寸。之所以叫它具列，是因为可以贮放陈列全部器物。

都篮：都篮，因能装下所有器具而得名。用竹篾在里面编成三角形或方形的眼，外面用两道宽篾作经线，用一道窄篾作纬线夹绑，交替编压在作经线的两道宽篾上，编成方眼，使它玲珑好看。都篮高一尺五寸，底宽一尺，高二寸，长二尺四寸，阔二尺。

茶会器具图。选自田能村直入《青湾茶会图录》，1863年日本烟岚社刊本。

游山品茗下弈图。选自陈昌锡《湖山胜概》，明代万历年间刊本。

《茶经》释义（下）

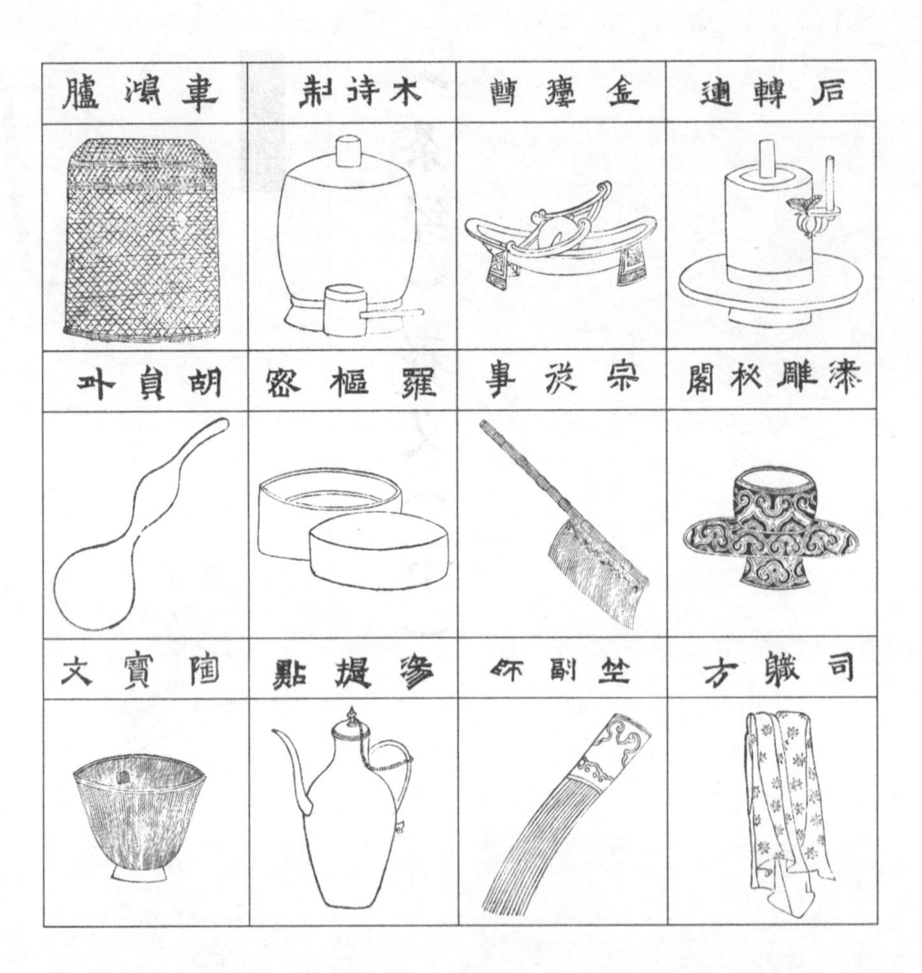

十二茶器图。选自南宋审安老人《茶具图赞》，收入明代沈津编《欣赏编》（十卷），明万历年间刊本。按宋代官制对茶器“授衔”，合称“十二先生”：韦鸿胪（茶笼）、木待制（木椎）、金法曹（茶碾）、石转运（茶磨）、胡员外（茶杓）、罗枢密（茶罗）、宗从事（茶帚）、漆雕秘阁（茶托）、陶宝文（茶盏）、汤提点（汤瓶）、竺副帅（茶筅）、司职方（茶巾）。

一、煮茶方法

【原文】

［五之煮］凡炙茶，慎勿于风烬间炙，熛（biāo）焰如钻，使炎凉不均。持以逼火，屡其翻正，候炮[1]出培塿（lǒu）[2]，状虾蟆背[3]，然后去火五寸。卷而舒，则本[4]其始又炙之。若火干者，以气熟止；日干者，以柔止。

其始，若茶之至嫩者，蒸罢热捣，叶烂而芽笋存焉。假以力者，持千钧杵亦不之烂，如漆科珠[5]，壮士接之，不能驻其指。及就，则似无穰（ráng）骨也。炙之，则其节若倪倪[6]如婴儿之臂耳。

既而，承热用纸囊贮之，精华之气无所散越，候寒末之。（末之上者，其屑如细米；末之下者，其屑如菱角。）

其火，用炭，次用劲薪。（谓桑、槐、桐、枥之类也。）其炭曾经燔（fán）炙，为膻（shān）腻所及，及膏木、败器，不用之。（膏木为柏、松、桧也。败器，谓朽废器也。）古人有劳薪之味[7]，信哉！

其水，用山水上，江水中，井水下。（《荈赋》所谓：“水则岷方之注，挹彼清流。”）其山水，拣乳泉、石池漫流者上。其瀑涌湍漱，勿食之。久食，令人有颈疾。又多别流于山谷者，澄浸不泄，自火天[8]至霜郊[9]以前，或潜龙蓄毒于其间，饮者可决之，以流其恶，使新泉涓涓然，酌之。其江水，取去人远者，井，取汲多者。

其沸，如鱼目[10]，微有声，为一沸；缘边如涌泉连珠，为二沸；腾波鼓浪，为三沸。已上水老，不可食也。初沸，则水合量调之以盐味，谓弃其啜余，（啜，尝也。市税反，又市悦反。）无乃䤮䤬（gàn tàn）而钟其一味乎！（上古暂反，下吐滥反，无味也。）第二沸，出水一瓢，以筴环激汤心，则量末当中心而下。有顷，势若奔涛溅沫，以所出水止之，而育其华也。

凡酌，置诸碗，令沫饽（bō）均。（字书并《本草》：饽，均茗沫也。蒲笏反。）沫饽，汤之华也。华之薄者曰沫，厚者曰饽，轻细者曰花。如枣花漂漂然于环池之上；又如回潭曲渚，青萍之始生；又如晴天爽朗，有浮云鳞然。其沫者，若绿钱浮于水湄（méi）[11]，又如菊英堕于樽俎（zūn zǔ）[12]之中。饽者，以滓煮之，及沸，则重华累沫，皤（pó）皤然[13]若积雪耳。《荈赋》所谓"焕如积雪，烨（yè）若春藪（fū）[14]"，有之。

第一煮水沸，而弃其沫之上有水膜如黑云母，饮之则其味不正。其第一者为隽永，（徐县、全县二反。至美者曰隽永。隽，味也。永，长也。味长曰隽永。《汉书》：蒯通著《隽永》二十篇也。）或留熟盂以贮之，以备育华救沸之用。诸第一与第二、第三碗次之，第四、第五碗外，非渴甚莫之饮。

凡煮水一升，酌分五碗（碗数少至三，多至五；若人多至十，加两炉），乘热连饮之。以重浊凝其下，精英浮其上。如冷则精英随气而竭，饮啜不消亦然矣。茶性俭[15]，不宜广，广则其味黯澹。且如一满碗，啜半而味寡，况其广乎！

其色缃（xiāng）也，其馨𩡖（sǐ）也。（香至美曰“𩡖”。“𩡖”音使。）其味甘，槚也；不甘而苦，荈也；啜苦咽甘，茶也。（《本草》云：“其味若而不甘，槚也；甘而不若，荈也。”）

【注释】

［1］炮：烘焙、烘烤。

［2］培塿：本作“部娄”，小土丘、小土堆。

［3］虾蟆背：蛤蟆的背部有很多的丘泡，十分不平滑。这里用来形容茶饼表面不平如蛤蟆背。

［4］本：原来，这里引申为先前的方法。

［5］漆科珠：漆树子粒，形小而圆滑。

［6］倪倪：柔软。

［7］劳薪之味：用旧车轮之类烧烤，食物会有异味。

［8］火天：酷暑时节。

［9］霜郊：秋末冬初霜降大地。二十四节气中，霜降在农历九月下旬。

［10］如鱼目：水初沸时，水面有许多小气泡，像鱼眼睛，所以把这些小气泡叫作鱼目，后人又称这些小气泡为“蟹眼”。

［11］水湄：有水草的河边。

［12］樽俎：泛指各种餐具。樽，酒器。俎，砧板。

［13］皤皤然：满头白发的样子，这里形容水沫很白。

［14］蕨：花。

［15］俭：贫乏、歉收，旧时称青黄不接时为“俭月”，荒年为“俭岁”，这里比喻茶叶中可溶于水的物质不多。

【译文】

烤茶时，注意不要在通风的火上烤，因为飘忽不定的火苗像钻子，使茶受热不均匀。要将饼茶靠近火，不停地翻动，等到茶叶被烤出像蛤蟆背上的小疙瘩时，移到离火五寸的地方。当卷曲的茶又伸展开或者松散，再按先前的办法烤一次。如果饼茶是用火烘干的，要烘到水汽蒸完为止；如果饼茶是晒干的，则晒到柔软为止。

开始制茶时，如果是嫩茶叶，蒸后要趁热捣烂，但嫩叶捣烂了，而茶叶的芽头还是完整的。如果只用蛮力，即使用千钧重的杵也捣不烂，这就如同漆树子粒，小而光滑，再有力的人也不能轻易抓到它。这些捣不烂的小芽尖，犹如无肉无骨一样。烘烤起来，柔软细弱得像婴儿的手臂。

茶烤好后，趁热用纸袋装起来，使它的香气不致散发，等冷却后再碾成茶末。（碾得好的茶末，就像细米粒一样精细；碾得不好的茶末，其碎屑像菱角。）

烤茶时，用木炭取火最好，其次用硬柴。（如桑、槐、桐、枥之类的木柴。）曾经烤过肉的木炭，沾染上了腥膻油腻的气味，或是有油汁析出的木柴、朽坏的木器，都不能用来烤茶。（膏木，如柏、松、桧树。败器，即腐朽木器。）古人有“用朽坏的木器烧煮食物会有怪味”的说法，确实如此。

煮茶的水，以山泉水为最好，其次是江水，井水最差。（《荈赋》里曾说：“从岷山那边流出的水，要取它最清洁的部分。”）山泉水，最好取用乳泉上、石池中流动缓慢的水。瀑布涌泉之内奔流湍急的水不要饮用，长期饮用这种水会使人颈部生病。数支溪流汇合，蓄于山谷中的水，虽然清澈澄净，但因一直不流动，从酷暑到霜降期间，也许有污秽的东西和毒素潜藏在里面，取用时要先挖一处决口，使污水流出，同时新的泉水涓涓流入，这时的水才能汲取饮用。取用江河的水，要到距离人群远的地方去取，井水则要在有很多人汲水的井中汲取。

煮水时，如果水泡像鱼眼，有轻微的声响，此时被称为“一沸”；锅的边缘有如涌泉般水泡连珠，被称为“二沸”；水在锅中翻腾如浪，被称为“三沸”。这时候再继续煮，水就老了，不宜饮用。水刚开始沸腾时，按照水量放适当的盐调味，倒掉尝味剩余的水。（啜，品尝。市税或市悦相切读音。）切莫因无味加入过多的盐，要不然，就成了钟爱盐水的味道了！（䶣读音为右暂二字的反切音，䶗读音为吐滥二字的反切音，䶣䶗即无味。）第二沸时，舀出一瓢水，用筴在水中搅动，用“则”取适量的茶末从沸水的中心倒入。一会，水沸如波涛翻滚，水沫飞溅，这时把刚才舀出的水倒入，使水不再沸腾，而育成茶的精华。

饮茶时，要多放几个碗，使“沫饽”尽量均匀。（字书与《草本》说：“饽是茶上面的泡沫。”蒲笏反切音。）“沫饽”是茶汤的精华。薄的叫“沫”，厚的叫“饽”，轻微细小的叫“花”。“花”就像枣花落在池塘中缓缓漂动；又像曲折的潭水和绿洲上新生的浮萍；又像晴朗的天空中鱼鳞状的云。“沫”好似水中青苔浮在水边，又如同菊花纷纷落入杯中。“饽”是茶渣煮出来的，水沸腾时，“沫饽”不断生成积累，层层堆积如白雪一般。《荈赋》中说“明亮像积雪，灿烂如春花”，描绘的就是这番景象。

第一次煮沸的水，要把表面一层像黑色云母一样的水沫去掉，饮用的话味道不好。从锅中舀出的第一碗水为“隽永”（隽，徐县、全县反切音。隽永是指上好的东西。隽，味道。永，长久。隽永即指味道长久。《汉书》：蒯通著《隽永》二十篇），茶汤贮存在“熟盂”中，用来止沸和育华。之后舀出的第一、第二、第三碗，味道略差些，第四、第五碗之后的茶汤，如果不是渴得太厉害，就不值得饮用了。

通常煮一升水的茶，分为五碗（少则三碗，多则五碗；如果人数超过十个，就应该多加两炉茶），茶应该趁热连续喝。这是因为杂质浊物沉淀在底下，而精华浮在上面。茶冷却后，精华就会随着热气挥发了，喝起来自然就不受用了。茶性俭约，煮的时候水不宜多，水越多，味道就越淡薄。如同一满碗茶，喝了一半，味道就觉得差些了，何况水加多了呢！

茶的汤色浅黄，茶香四溢。（香味特别好叫𩡖。𩡖音使。）品其味道甘甜的是“槚”；不甜而苦的是“荈”；入口时略带苦味，咽下去又有回甘的是“茶”。（《本草》说：“味苦不甜的是槚；只甜不苦的是荈。”）

二、茶的饮用

【原文】

［六之饮］翼而飞，毛而走，呿（qū）而言[1]，此三者俱生于天地间，饮啄以活，饮之时，义远矣哉！至若救渴，饮之以浆；蠲（juān）[2]忧忿，饮之以酒；荡昏寐，饮之以茶。

茶之为饮，发乎神农氏[3]，闻于鲁周公[4]，齐有晏婴[5]，汉有扬雄[6]、司马相如[7]，吴有韦曜（yào）[8]，晋有刘琨、张载、远祖纳、谢安、左思之徒[9]，皆饮焉。滂时浸俗[10]，盛于国朝，两都并荆渝间[11]，以为比屋之饮。

饮有粗茶、散茶、末茶、饼茶者，乃斫（zhuó）、乃熬、乃炀（yáng）、乃舂（chōng），贮于瓶缶之中，以汤沃焉，谓之痷（ān）[12]茶。或用葱、姜、枣、橘皮、茱萸、薄荷之等，煮之百沸，或扬令滑，或煮去沫，斯沟渠间弃水耳，而习俗不已。

於戏（wū hū）！天育万物，皆有至妙，人之所工，但猎浅易。所庇者屋，屋精极；所着者衣，衣精极；所饱者饮食，食与酒皆精极之。茶有九难：一曰造，二曰别，三曰器，四曰火，五曰水，六曰炙，七曰末，八曰煮，九曰饮。阴采夜焙，非造也；嚼味嗅香，非别也；膻鼎腥瓯，非器也；膏薪庖炭，非火也；飞湍壅（yōng）潦[13]，非水也；外熟内生，非炙也；碧粉缥尘，非末也；操艰搅遽（jù）[14]，非煮也；夏兴冬废，非饮也。

夫珍鲜馥烈[15]者，其碗数三；次之者，碗数五。若座客数至五，行三碗；至七，行五碗；若六人已下，不约碗数，但阙一人而已，其隽永补所阙人。

【注释】

［1］呿而言：指开口会说话的人类。呿，张口貌。

［2］蠲：消除。

［3］神农氏：传说中的上古三皇之一、农业和医药的发明者，教民稼穑，号神农，被后世尊为炎帝。因有后人伪作的《神农草本》等书流传，其中提到茶，故云“发乎神农氏”。

［4］鲁周公：名姬旦，周文王之子，辅佐武王灭商，建西周王朝，“制礼作乐”，被后世尊为周公。因封国在鲁，又称鲁周公。后人伪托周公作《尔雅》，讲到茶。

［5］晏婴：又称晏子，字仲，谥平，春秋之际大政治家，为齐国名相。相传著有《晏子春秋》，讲到他饮茶事。

［6］扬雄：字子云，蜀郡成都人，西汉文学家、哲学家、语言学家，成帝时为给事黄门郎，著有《剧秦美新》等。

［7］司马相如：字长卿，蜀郡成都人。西汉著名文学家，著有《子虚赋》《上林赋》等。

［8］韦曜：字弘嗣，三国时人，在东吴历任中书仆射、太傅等要职。

［9］晋有刘琨、张载、远祖纳、谢安、左思之徒：刘琨，字越石，中山魏昌（今河北无极县）人，西晋诗人，曾任西晋平北大将军等职。张载，字孟阳，安平（今河北深州）人，西晋文学家，有

《张孟阳集》传世。远祖纳，即陆纳，字祖言，吴郡吴县（今江苏苏州）人，东晋时任吏部尚书等职，陆羽与他同姓，故尊他为远祖。谢安，字安石，陈郡阳夏（今河南太康县）人，东晋名臣。历任太保、大都督等职。左思，字太冲，山东临淄人，著名文学家，代表作有《三都赋》《咏史》诗等。

[10] 浸俗：渗入到日常生活中而成为一种习俗。

[11] 两都并荆渝间：两都，指长安和洛阳。荆，荆州，治所在今湖北江陵。渝，渝州，治所在今四川、重庆一带。

[12] 痷：指将茶末放在瓶缶中用开水冲泡后饮用。

[13] 壅潦：停滞的积水。潦，雨后积水。

[14] 操艰搅遽：操作艰难、慌乱，搅动太急。遽，惶恐、窘急。

[15] 珍鲜馥烈：珍贵且芳香鲜美。鲜，少，罕见。馥烈，芳香浓郁。

【译文】

能用翅膀飞翔的禽类，有毛而奔走的兽类，开口能言语的人类，这三者都生于这世间，都是以喝水、吃东西维持生命存活下来的，可见饮的作用之大，意义之深远。人为了解渴，则喝水；为了消除烦闷忧愤，则饮酒；为了清除头昏困顿，就饮茶。

茶作为一种饮品，起源于神农氏，到周公旦记载下来，才得以流传而广为世人所知，春秋时齐国的晏婴，汉代的扬雄、司马相如，三国时吴国的韦曜，晋代的刘琨、张载、陆纳、谢安、左思等人都喜欢饮茶。后来饮茶这一习惯广泛传开，渗入日常生活，逐渐成为一种习俗，并在我唐朝兴盛起来，在长安、洛阳两个都城以及荆州、渝州等地方，家家户户都饮茶。

茶的种类有粗茶、散茶、末茶、饼茶等，将茶伐枝取叶、炒焙、烤干、捣碎，然后放到瓶缶中，用开水冲泡，这是浸泡的茶。有人把葱、姜、枣、橘皮、茱萸、薄荷等东西加进去，然后一直煮开，或者把茶汤扬起，令其润滑，或者煮好后把上面的“沫”去掉，这样煮出来的茶就好像倒到沟渠里的废水一样不能饮用，但是这种习惯至今还存在。

哎呀！上天孕育了万物，每一种都有其最为巧精的地方，而人类所讲求的，却只涉及那些浅显容易的东西。人们住在提供庇护的房屋里面，房屋的建构十分精致；人们穿的衣服，也极为精细；用来饱腹的是饮食，食物和酒都十分精美。茶有九大困难：一是制作，二是鉴别，三是茶具，四是火力，五是水质，六是炙烤，七是碾末，八是烹煮，九是品饮。在阴天里采集，在夜里烘焙，这不是制茶的正确方法；用咀嚼的方法识别味道，以嗅闻的方法辨别香气，这不是识别的正确方法；用沾有腥膻气的锅和碗来装茶，这不是好的器具；用生油烟的柴和烤过肉的炭来烧制茶，这并不是理想的燃料；用流动很急或停滞不流的水来烧茶，这不是适当的水；把茶烤得外面熟里面生，这不是合适的炙烤方法；把茶捣得太细致变成绿色的粉末，这则是捣碎不当；动作不熟练或者搅动得太快，这是不会煮茶的表现；夏天可以喝茶而冬天不能喝，这是不懂得饮茶的表现。

那些珍贵鲜美的茶，一炉只能做出三碗；稍差一点的，一炉可以做出五碗。如果在座的客人有五位，那么就可以舀出三碗分饮；如果有七位客人，那么就可以舀出五碗来喝；如果客人不到六位，那么就不用管碗数，只是按缺少一个人计算，这样，可以用原先留出的最好的茶汤来补充。

三、茶事记载

【原文】

［七之事］三皇：炎帝神农氏。

周：鲁周公旦，齐相晏婴。

汉：仙人丹丘子，黄山君，司马文园令相如，扬执戟雄。

吴：归命侯[1]，韦太傅弘嗣（sì）。

晋：惠帝[2]，刘司空琨，琨兄子兖州刺史演，张黄门孟阳[3]，傅司隶咸[4]，江洗（xiǎn）马统[5]，孙参军楚[6]，左记室太冲，陆吴兴纳，纳兄子会稽（kuài jī）内史俶（chù），谢冠军安石，郭弘农璞（pú），桓扬州温[7]，杜舍人育，武康小山寺释法瑶，沛国夏侯恺[8]，余姚虞洪，北地傅巽，丹阳弘君举，乐安任育长[9]，宣城秦精，敦煌单道开[10]，剡县陈务妻，广陵老姥（mǔ），河内山谦之。

后魏：瑯琊（láng yá）王肃[11]。

宋：新安王子鸾，鸾兄豫章王子尚[12]，鲍照妹令晖[13]，八公山沙门昙（tán）济[14]。

齐：世祖武帝[15]。

梁：刘廷尉[16]，陶先生弘景[17]。

皇朝：徐英公勣（jì）[18]。

《神农食经》[19]："茶茗久服，令人有力、悦志。"

周公《尔雅》："槚，苦荼。"

《广雅》[20]云："荆巴间采叶作饼，叶老者，饼成以米膏出之，欲煮茗饮，先炙令赤色，捣末，置瓷器中，以汤浇覆之，用葱、姜、橘子芼之，其饮醒酒，令人不眠。"

《晏子春秋》[21]："婴相齐景公时，食脱粟之饭，炙三弋（yì）、五卵，茗菜而已。"

司马相如《凡将篇》[22]："乌喙（hùi），桔梗（jiē gěng），芫（yuán）华，款冬，贝母，木蘗（bò），蒌（lóu），芩（qín）草，芍药，桂，漏芦，蜚廉，雚（huán）菌，荈诧，白蔹（liǎn），白芷（zhǐ），菖（chāng）蒲，芒硝，莞（guàn）椒，茱萸。"

《方言》："蜀西南人谓茶曰蔎。"

《吴志·韦曜传》："孙皓每飨宴，坐席无不率以七胜为限。虽不尽入口，皆浇灌取尽。曜饮酒不过二升，皓初礼异，密赐茶荈以代酒。"

《晋中兴书》[23]："陆纳为吴兴太守时，卫将军谢安尝欲诣纳，（《晋书》云：纳为吏部尚书。）纳兄子俶怪纳无所备，不敢问之，乃私蓄十数人馔。安既至，所设唯茶果而已。俶遂陈盛馔，珍馐必具。及安去，纳杖俶四十，云：'汝既不能光益叔父，奈何秽吾素业？’”

《晋书》：“桓温为扬州牧，性俭，每燕饮，唯下七奠，拌茶果而已。”

《搜神记》[24]：“夏侯恺因疾死，宗人字苟奴，察见鬼神，见恺来收马，并病其妻，着平上帻（zē）、单衣，入坐生时西壁大床，就人觅茶饮。”

刘琨《与兄子南兖州[25]刺史演书》云：“前得安州[26]干姜一斤、桂一斤、黄芩一斤，皆所须也。吾体中愦闷，常仰真茶，汝可置之。”

傅咸《司隶教》曰：“闻南市有蜀妪，作茶粥卖，为廉事打破其器具，又卖饼于市。而禁茶粥以困蜀妪，何哉？”

《神异记》[27]：“余姚人虞洪，入山采茗，遇一道士，牵三青牛，引洪至瀑布山，曰：‘予，丹丘子也。闻子善具饮，常思见惠。山中有大茗，可以相给，祈子他日有瓯牺之余，乞相遗也。’因立奠祀。后常令家人入山，获大茗焉。”

左思《娇女诗》[28]：“吾家有娇女，皎皎颇白皙。小字为纨素，口齿自清历。有姊字蕙芳，眉目粲如画。驰骛翔园林，果下皆生摘。贪华风雨中，倏忽数百适。心为茶荈剧，吹嘘对鼎钖。”

张孟阳《登成都楼诗》[29]云：“借问扬子舍，想见长卿庐。程卓累千金，骄侈拟五侯。门有连骑客，翠带腰吴钩。鼎食随时进，百和妙且殊。披林采秋橘，临江钓春鱼。黑子过龙醢（hǎi），果馔逾蟹蝑（xū）。芳茶冠六清，溢味播九区。人生苟安乐，兹土聊可娱。”

傅巽《七诲》：“蒲桃、宛柰、齐柿、燕栗、峘（huān）阳黄梨、巫山朱橘、南中茶子、西极石蜜。”

弘君举《食檄》：“寒温既毕，应下霜华之茗。三爵而终，应下诸蔗、木瓜、元李、杨梅、五味、橄榄、悬豹、葵羹各一杯。”

孙楚《出歌》：“茱萸出芳树颠，鲤鱼出洛水泉。白盐出河东，美豉（chǐ）出鲁渊。姜、桂、茶荈出巴蜀，椒、橘、木兰出高山，蓼（liǎo）苏出沟渠，精稗（bài）出中田。”

华佗[30]《食论》：“苦荼久食，益意思。”

壶居士[31]《食忌》：“苦荼久食，羽化；与韭同食，令人体重。”

郭璞《尔雅注》云：“树小似栀子，冬生，叶可煮羹饮。今呼早取为荼，晚取为茗，或一曰荈，蜀人名之苦荼。”

《世说》[32]：“任瞻，字育长，少时有令名。自过江失志。既下饮，问人云：‘此为荼？为茗？’觉人有怪色，乃自分明云：‘向问饮为热为冷耳。’”

《续搜神记》[33]：“晋武帝世，宣城人秦精，常入武昌山采茗。遇一毛人，长丈余，引精至山下，示以丛茗而去。俄而复还，乃探怀中橘以遗精。精怖，负茗而归。”

《晋四王起事》[34]：“惠帝蒙尘还洛阳，黄门以瓦盂盛茶上至尊。”

《异苑》[35]：“剡县陈务妻，少与二子寡居，好饮茶茗。以宅中有古冢，每饮，辄先祀之。二子患之，曰：‘古冢何知？徒以劳意！’欲掘去之，母苦禁而止。其夜梦一人云：‘吾止此冢三百余年，卿二子恒欲见毁，赖相保护，又享吾佳茗，虽潜壤朽骨，岂忘翳（yì）桑[36]之报！’及晓，于庭中获钱十万，似久埋者，但贯新耳。母告二子，惭之，从是祷馈愈甚。”

《广陵耆老传》：“晋元帝时，有老姥每旦独提一器茗，往市鬻之，市人竞买，自旦至夕，其器不减，所得钱散路旁孤贫乞人。人或异之，州法曹絷（zhí）之狱中。至夜，老姥执所鬻茗器，从狱牖（yǒu）中飞出。”

《艺术传》[37]：“敦煌人单道开，不畏寒暑，常服小石子。所服药有松、桂、蜜之气，所饮茶苏而已。”

释道说《续名僧传》：“宋释法瑶，姓杨氏，河东人。元嘉中过江，遇沈台真，请真君武康小山寺，年垂悬车[38]，饭所饮茶。大明中，敕（chì）吴兴礼致上京，年七十九。”

宋《江氏家传》[39]：“江统，字应元，迁愍（mǐn）怀太子[40]洗马，尝上疏谏云：‘今西园卖醯（xì）[41]、面、蓝子、菜、茶之属，亏败国体。’”

《宋录》：“新安王子鸾、豫章王子尚，诣昙济道人于八公山。道人设茶茗，子尚味之，曰：‘此甘露也，何言茶茗？’”

王微[42]《杂诗》：“寂寂掩高阁，寥寥空广厦。待君竟不归，收领今就槚。”

鲍照妹令晖著《香茗赋》。

南齐世祖武皇帝[43]遗诏：“我灵座上，慎勿以牲为祭，但设饼果、茶饮、干饭、酒脯（fǔ）而已。”

梁刘孝绰《谢晋安王[44]饷米等启》：“传诏李孟孙宣教旨，

垂赐米、酒、瓜、笋、菹（zū）、脯、酢（zhǎ）、茗八种。气苾新城，味芳云松。江潭抽节，迈昌荇（xìng）之珍；疆场擢（zhuó）翘，越葺（qì）精之美。羞非纯束野麏（jūn），裛（yì）似雪之驴；鲊异陶瓶河鲤，操如琼之粲。茗同食粲，酢类望柑。免千里宿舂，省三月粮聚。小人怀惠，大懿难忘。”

陶弘景《杂录》：“苦茶轻身换骨，昔丹丘子、黄山君服之。”

《后魏录》：“琅琊王肃[45]，仕南朝，好茗饮、莼（chún）羹。及还北地，又好羊肉、酪浆。人或问之：‘茗何如酪？’肃曰：‘茗不堪与酪为奴。’”

《桐君录》[46]：“西阳、武昌、庐江、晋陵[47]好茗，皆东人作清茗。茗有饽，饮之宜人。凡可饮之物，皆多取其叶，天门冬、拔葜（bō qiā）取根，皆益人。又巴东[48]别有真茗茶，煎饮令人不眠。俗中多煮檀叶并大皂李作茶，并冷。又南方有瓜芦木，亦似茗，至苦涩，取为屑茶饮，亦可通夜不眠。煮盐人但资此饮，而交、广[49]最重，客来先设，乃加以香芼辈。”

《坤元录》[50]：“辰州溆（xù）浦县西北三百五十里无射山，云蛮俗当吉庆之时，亲族集会歌舞于山上，山多茶树。”

《括地图》[51]：“临遂[52]县东一百四十里有茶溪。”

山谦之《吴兴记》[53]：“乌程县[54]西二十里有温山，出御荈。”

《夷陵图经》[55]：“黄牛、荆门、女观、望州[56]等山，茶茗出焉。”

《永嘉图经》：“永嘉县[57]东三百里有白茶山。”

《淮阴图经》：“山阳县[58]南二十里有茶坡。”

《茶陵图经》云：“茶陵[59]者，所谓陵谷生茶茗焉。”

《本草[60]·木部》：“茗，苦茶，味甘苦，微寒，无毒。主瘘疮，利小便，去痰渴热，令人少睡。秋采之苦，主下气消食。注云：‘春采之。’”

《本草·菜部》：“苦菜，一名荼，一名选，一名游冬。生益州川谷山陵道旁，凌冬不死。三月三日采，干。注云：疑此即是今茶，一名荼，令人不眠。”《本草》注：“按《诗》云‘谁谓荼苦[61]’，又云‘堇（jǐn）荼如饴[62]’，皆苦菜也。陶谓之苦茶，木类，非菜流。茗，春采，谓之苦搽。（途遐反。）”

《枕中方》：“疗积年瘘，苦茶、蜈蚣并炙，令香熟，等分，捣筛，煮甘草汤洗，以末敷之。”

《孺子方》：“疗小儿无故惊蹶，以苦茶、葱须煮服之。”

【注释】

[1] 归命侯：即孙皓，东吴亡国之君。公元280年，晋灭东吴，孙皓投降，封“归命侯”。

[2] 惠帝：晋惠帝司马衷，公元290—306年在位。

[3] 张黄门孟阳：张载，字孟阳，但未任过黄门侍郎。任过黄门侍郎的是他的弟弟张协。

[4] 傅司隶咸：傅咸，字长虞，西晋文学家，北地泥阳（今陕西铜

川）人，官至司隶校尉，简称司隶。

[5] 江洗马统：江统，字应元，陈留圉县（今河南杞县东）人，曾任太子洗马。

[6] 孙参军楚：孙楚，字子荆，太原中都（今山西平遥县）人，曾任扶风参军。

[7] 桓扬州温：桓温，字元子，谯国龙亢（今安徽怀远县西）人，曾任扬州牧等职。

[8] 沛国夏侯恺：晋书无传，干宝《搜神记》中提到他。

[9] 乐安任育长：任育长，生卒年不详，乐安（今山东博兴一带）人，名瞻，字育长，曾任天门太守等职。

[10] 敦煌单道开：晋时著名道士，敦煌（今属甘肃）人，《晋书》有传。

[11] 瑯琊王肃：王肃，字恭懿，瑯琊（今山东临沂）人，北魏著名文士，曾任中书令等职。

[12] 新安王子鸾，鸾兄豫章王子尚：刘子尚为兄，刘子鸾为弟，都是南北朝宋孝武帝的儿子。一封新安王，一封豫章王。

[13] 鲍照妹令晖：鲍照，字明远，东海郡（今江苏镇江）人，南朝著名诗人。其妹令晖，擅长辞赋，钟嵘《诗品》说她“歌待往往崭新清巧，拟古尤胜”。

[14] 昙济：即下文说的“昙济道人”。

[15] 世祖武帝：南北朝时南齐第二个皇帝，名萧赜，公元483—493年在位。

[16] 刘廷尉：即刘孝绰，彭城（今江苏徐州）人，为梁昭明太子赏

识，任太子太仆兼廷尉卿。

[17] 陶先生弘景：陶弘景，字通明，丹阳秣陵（今江苏南京）人，有《神农本草经集注》传世。

[18] 徐英公勣：徐世勣，字懋功，唐开国功臣，封英国公。

[19]《神农食经》：古书名，已佚。

[20]《广雅》：字书，三国时张揖撰，是对《尔雅》的补作。

[21]《晏子春秋》：又称《晏子》，旧题齐晏婴撰，实为后人采晏子事辑成。成书约在汉初。此处陆羽引书有误。《晏子春秋》原为"炙三弋五卵苔菜而矣"，不是"茗菜"。

[22]《凡将篇》：伪托司马相如作的字书，已佚。此处引文为后人所辑。

[23]《晋中兴书》：佚书。有清人辑存一卷。

[24]《搜神记》：东晋干宝著，计二十卷，志怪小说。

[25] 南兖州：晋时州名，治所在今江苏镇江市。

[26] 安州：晋时州名，治所在今湖北安陆一带。

[27]《神异记》：西晋王浮著。原书已佚。

[28] 左思《娇女诗》：原诗五十六句，陆羽所引仅为有关茶的十二句。

[29] 张孟阳《登成都楼诗》：原诗三十二句，陆羽所引仅为有关茶的十六句。

[30] 华佗：字元化，东汉末著名医学家，《三国志·魏书》有传。

[31] 壶居士：道家臆造的真人之一，又称壶公。

[32]《世说》：即《世说新语》，南朝宋临川王刘义庆著，志人小说。

[33]《续搜神记》：旧题东晋陶潜著，实为后人伪托。

[34]《晋四王起事》：晋卢琳撰，记述晋代四王政变。

[35]《异苑》：南朝宋刘敬所撰，今存十卷。

[36] 翳桑：古地名，春秋时晋赵盾，曾在翳桑救了将要饿死的灵辄，后来晋灵公欲杀赵盾，灵辄扑杀恶犬，救出赵盾。后世称此事为“翳桑之报”。

[37]《艺术传》：即唐房玄龄所著《晋书·艺术列传》。

[38] 悬车：比喻日没的时候，指人到老年。《淮南子》说“日至悲泉，爰息其马”，也是这个意思。

[39]《江氏家传》：南朝宋江统著，已佚。

[40] 愍怀太子：晋惠帝之子司马遹，生前被立为太子，元康元年（300）为贾后害死，年仅二十一岁。

[41] 醯：醋。

[42] 王微：南朝诗人。

[43] 南齐世祖武皇帝：南朝齐武帝，名萧赜。遗诏写于齐永明十一年（493）。

[44] 晋安王：名萧纲，昭明太子卒后，继为皇太子，后登位称简文帝。

[45] 王肃：本在南朝齐做官，后降北魏。北魏是北方少数民族鲜卑族拓跋部建立的政权，该民族的习性喜食牛羊肉、鲜牛羊奶加工的酪浆。王肃为讨好新主子，所以当北魏高祖问他时，他说茶还不配给酪浆做奴仆。这话传出后，北魏朝贵遂称茶为“酪奴”，并且在宴会时，“虽设茗饮，皆耻不复食”。

[46]《桐君录》：全名《桐君采药录》，已佚。

[47] 西阳、武昌、庐江、晋陵：均为晋郡名，治所分别在今湖北黄冈、武昌、安徽舒城、江苏常州一带。

[48] 巴东：晋郡名，治所在今重庆市奉节东一带。

[49] 交、广：交州和广州。交州，东汉时治所在今广西梧州一带。

[50]《坤元录》：古地学书名，已佚。

[51]《括地图》：即《括地志》，已散佚，清人辑存一卷。

[52] 临遂：晋时县名，今湖南衡阳。

[53]《吴兴记》：南朝宋山谦之著，共三卷。

[54] 乌程县：县治所在今浙江湖州市。

[55]《夷陵图经》：夷陵，在今湖北宜昌地区。这是陆羽从方志中摘出后自己加的书名。（下同）

[56] 黄牛、荆门、女观、望州：黄牛山在今湖北宜昌市向北四十公里处。荆门山在今湖北宜都西北长江南岸。女观山在今湖北宜都县西北。望州山在今湖北枝城西南。

[57] 永嘉县：州治在今浙江温州市。

[58] 山阳县：今称淮安县。

[59] 茶陵：即今湖南茶陵县。

[60]《本草》：即《唐新修本草》，又称《唐本草》或《唐英本草》。唐英国公徐世勣任该书总监。下文《本草》同。

[61] 谁谓荼苦：语出《诗经·谷风》："谁谓荼苦，其甘如荠。"周秦时，"荼"作二解：一为茶，一为野菜。这里指野菜。

[62] 堇荼如饴：语出《诗经·緜》："周原朊朊，堇荼如饴。"

【译文】

"三皇"时期："三皇"之一炎帝神农氏。

周朝：鲁周公姬旦，齐国丞相晏婴。

汉朝：仙人丹丘子，黄山君，孝文园令司马相如，给事黄门侍郎（执戟）扬雄。

三国时期吴国：归命侯孙皓、太傅韦宏嗣（韦曜）。

晋朝：晋惠帝司马衷，司空刘琨，刘琨兄长之子兖州刺史刘演，黄门侍郎张孟阳（张载），司隶校尉傅咸，太子洗马江统，参军孙楚，记室左太冲（左思），吴兴人陆纳，纳兄之子会稽内史陆俶，冠军谢安石（谢安），弘农太守郭璞，扬州太守桓温，舍人杜育，武康小山寺和尚法瑶，沛国人夏侯恺，余姚人虞洪，北地人傅巽，丹阳人弘君举，乐安人任育长，宣城人秦精，敦煌人单道开，剡县陈务之妻，广陵一老妇人，河内人山谦之。

后魏：瑯琊人王肃。

南朝宋：新安王刘子鸾，鸾之兄豫章王刘子尚，鲍照之妹鲍令晖，八公山和尚昙济。

南朝齐：世祖武皇帝萧赜。

南朝梁：廷尉刘孝绰，陶弘景先生。

本朝：英国公徐世勣。

《神农食经》说："长时期饮用茶，可以让人精神振奋，心情愉悦。"

周公《尔雅》说："槚，是一种苦茶。"

《广雅》说："在荆州和巴州一带，人们摘采茶叶做成茶饼，那些老茶叶，就用米汤拌和制成茶饼。想煮的时候，先把茶饼炙烤成红色，再捣成碎末放到瓷器里面，用开水冲泡。有时还可以用一些葱、姜、橘子等放在一起煎煮。喝了这样的茶可以醒酒，使人精神振奋没有睡意。"

《晏子春秋》说："晏婴在作齐国宰相时，吃糙米饭，他的菜也只不过是三五样荤食以及茶和蔬菜。"

汉朝司马相如《凡将篇》记载："乌喙，桔梗，芫华，款冬，贝母，黄柏，蒌，芩草，芍药，桂，漏芦，蜚廉，雚菌，荈诧，白蔹，白芷，菖蒲，芒硝，莞椒，茱萸。"

汉扬雄《方言》说："蜀西南人将茶叶叫作蔎。"

《三国志·吴志·韦曜传》说："孙皓每次设宴待客，规定每人都要喝七升酒，即使客人不能全部喝完，也都要酌取完毕。韦曜只有二升的酒量。孙皓当初很敬重他，暗中赐给他茶用来代替酒。"

《晋中兴书》说："陆纳任吴兴太守时，卫将军谢安曾经想来拜访他。（据《晋书》载，陆纳任吏部尚书。）陆纳的侄子陆俶担心他没有准备，但是又不敢去问他，便私下准备了十多人吃的饭菜。谢安来到之后，陆纳仅仅用茶和果品来招待谢安，于是陆俶就摆上丰盛的肴馔，各种美味都有。等到谢安离开之后，陆纳打了陆俶四十板子，说：'你既然不能给你叔父增添荣耀，为什么还要来破坏我廉洁的名誉呢？'"

《晋书》说："桓温做扬州太守的时候，生性节俭，每次宴会所吃喝的东西，只是七碟茶食、果馔而已。”

《搜神记》说：“夏侯恺因病去世后，其族人中有个叫苟奴的人，能够看到鬼魂，他看到夏侯恺来收回马匹，并且使他的妻子生病了。苟奴看见他戴着帽子，穿着单衣，坐在生前放在西墙边的大床上，向路人讨茶喝。”

刘琨在《与兄子南兖州刺史演书》说：“日前得到你寄的一斤安州干姜、一斤桂、一斤黄芩，这些都正是我需要的。我现在心情烦乱，常常饮用真正的好茶来解除心头的烦闷，你要多购买一点给我。”

司隶校尉傅咸在《司隶教》中说：“我听说蜀地有一位老婆婆，在市集上卖茶粥，但官员却打破了她用的锅碗，后来这位老婆婆又在市场上卖茶饼。为什么要禁止卖茶粥呢？老婆婆不知道，左右为难。”

《神异记》写道：“余姚人虞洪进山去采茶的时候，遇见了一位道士，牵着三条青牛。他把虞洪引到瀑布山，说：‘我是丹丘子，我听说你善于煮茶，经常想着能否喝上你煮的茶。这山里有棵大茶树，可以任你摘采。希望你日后煮茶、饮茶时能够把多余的茶汤给我。’于是虞洪设奠祭祀，后来常叫家人进山，果然找到大茶树。”

西晋左思《娇女诗》云：“我家有个娇惯的小女儿，长得很白皙。小名叫纨素，口齿伶俐。她姐姐叫蕙芳，眉目清秀，像画中美人。她们在园林里蹦蹦跳跳，一起嬉戏，还爬上树把未成熟的果子摘下来了。她们贪外面的美丽，能冒着风雨，跑出跑进上百次。看见煮茶心里就特别高兴，还对着茶炉吹气，以加大火力。”

张孟阳《登成都楼诗》说：“请问当年扬雄居住的地方在哪里？司马相如的故居又是哪般模样？昔日程郑、卓王孙两大豪门，骄奢淫逸，可比王侯之家。他们的门前经常是车水马龙，宾客不断，他们腰间飘曳绿色的缎带，佩挂名贵的宝刀。家中山珍海味，百味调和，精妙无双。真可谓显赫权贵，百万富翁！遥望楼外，富庶的山川无边无际。秋天，人们在橘林中采摘着丰收的柑橘；春天，人们在江边把竿垂钓。果品胜过佳肴，鱼肉分外细嫩。四川的香茶在各种饮料中可称第一，它那美味在天下享有盛名。如果人生只是苟且地寻求安乐，那成都这个地方还是可以供人们尽情享乐的。”

傅巽《七诲》说：“蒲地的桃子，宛地的柰子，齐地的柿子，燕地的板栗，恒阳的黄梨，巫山的红橘，南中的茶子，西极的石蜜。”

弘君举《食檄》说：“在见面互相寒暄之后，先请喝浮有白沫的好茶。三杯之后，再上甘蔗、木瓜、元李、杨梅、五味、橄榄、瓠、葵羹各一杯。”

孙楚《出歌》说：“茱萸出自香树颠上，鲤鱼产自洛水泉中。白盐来自河东，美豉产于鲁渊。姜、桂、茶出自巴蜀，椒、橘、木兰出自高山。蓼、苏长在沟渠，稗子长在田中。”

华佗《食论》说：“长期饮茶，有助于思考。”

壶居士《食忌》说：“长期饮茶，使人身像羽毛一样轻盈；若将茶与韭菜一起吃，则会使人体重增加。”

郭璞《尔雅注》记述："茶树矮小像栀子，它的叶子在冬季生长，可以用来煮茶喝。现在把早采的茶叶叫'茶'，晚采的茶叶叫'茗'，或者叫'荈'，蜀地的人叫它为'苦茶'。"

《世说新语》记载："任瞻，字育长。年轻的时候名声不错，自从过江之后就很不得志。有一次到主人家作客，主人给他上茶，他问主人说：'这是茶，还是茗？'当他发觉旁人有奇怪不解的表情，便自己申明说：'我刚才是问茶是热的，还是冷的？'"。

《续搜神记》记述："晋武帝时，宣城人秦精，经常到武昌山里面去采茶。有一次他遇到一个毛人，一丈多高，那个毛人带秦精到山下，指一丛茶树给他看，然后就离开了。不一会儿毛人又回来了，毛人从怀中掏出橘子送给秦精。秦精感到害怕，就忙背着茶叶回家了。"

《晋四王起事》记载："惠帝逃难流亡后返回洛阳的时候，黄门官用瓦盂盛茶献给惠帝喝。"

《异苑》写道："剡县陈务的妻子，很早就守寡，独自带着两个儿子，她很喜欢饮茶。在其住处有一座古墓，每次她饮茶的时候，总是先祭祀一碗茶。两个儿子很担忧，说：'古墓能知道什么？你只是白费力气！'就想把它铲平。经母亲苦苦劝说，两个儿子这才作罢。夜里，她梦见一个人说：'我住在这个墓里已经三百多年了，你的两个儿子总是想要把我的坟墓铲平，多亏了你的保护，还让我享受到你的好茶。我虽然只是被埋在地下的一堆枯骨，但是怎么能知恩不报呢？'天亮了，母亲在院子里拾到了十万串钱，钱像是埋了很久，但只有穿钱的绳子是新的。母亲把这件事情告诉了儿子们，两个儿子都很羞愧。从此他们经常祭祷那座古墓。”

《广陵耆老传》说：“晋元帝时，有一个老太婆，每天早晨都会独自提着一个盛茶的器皿，到市上去卖茶。市场上的人争先恐后地买来喝，从早到晚，那器皿里的茶却从来不减少，她把赚来的钱分发给路边的孤儿、穷人和乞丐。人们都感到很奇怪，州官便将她捆绑起来，关到监狱里面。到了夜晚的时候，老太婆手里提着卖茶的器皿，从监狱的窗口飞出去了。”

《晋书·艺术列传》说：“敦煌人单道开，身体强壮，不怕冷也不怕热，经常服食小石子。他所服的药有松脂、肉桂、蜂蜜的香气，除此之外只饮紫苏茶。”

释道说《续名僧传》记载：“南朝宋时和尚法瑶，原来姓杨，河东人。元嘉年间过江后，在武康小山寺遇到了沈台真。请沈台真到武康小山寺。这时他已经很老了，只能吃饭时饮些茶。大明年间，皇上命令吴兴的官吏恭恭敬敬地将他送进京城，他那时已经七十九岁了。”

南朝宋《江氏家传》记载：“江统，字应元，被提升为愍怀太子洗马时，曾经呈上奏折进谏说：‘现在西园卖醋、面、蓝子、菜、茶之类，有损国家颜面。’”

《宋录》记述：“新安王刘子鸾、豫章王刘子尚到八公山去拜访昙济道人。道人用茶招待他们。刘子尚尝了尝茶说：‘这分明是甘露啊，怎么叫茶呢？’”

王微《杂诗》大意是：“静悄悄地关上高阁的门，空荡荡的大厦冷冷清清。迟迟等不到您的归来，失望惆怅的我只有饮茶解忧怀。”

鲍照的妹妹鲍令晖写了篇《香茗赋》。

南齐世祖武皇帝在遗诏中说：“我死后你们一定不要杀牛羊来祭奠我，只需在我的灵位上放饼果、茶饮、干饭、酒和果脯即可。”

南朝梁刘孝绰在《谢晋安王饷米等启》中说：“传诏官李孟孙带来了您的谕旨，您赐给我米、酒、瓜、笋、酸菜、鱼脯、醋、茶等八种食品。米气味芬芳，像新城米一样；酒香浓郁，味道淳厚，好比新城、云松佳酿；江潭初生的竹笋，胜过菖荇这样的珍肴；田头肥嫩的瓜菜，超过了精心置办的美味；你惠赐的肉脯，比白茅束捆的野鹿肉要鲜美得多；您馈赠的鲊鱼，比起陶侃瓶装的河鲤更别有风味，就像玉液琼浆一样鲜美；茶如同大米一样精良细致，醋的颜色看起来就好像柑橘一样。食品如此丰盛，这样即使我远行千里，也不用再筹措干粮了。我感激着您的恩德，永记不忘。”

陶弘景《杂录》记述：“苦茶能让人轻身换骨，以前丹丘子、黄山君都饮用它。”

《后魏录》记载：“琅琊王肃在南朝做官的时候，喜欢饮茶，吃莼菜羹。等回到北方的时候，又喜欢吃羊肉，喝羊奶。有人问他：‘茶和奶酪比，怎么样？’王肃说：‘茶还不配给酪浆做奴仆。’”

《桐君录》记载：“西阳郡、武昌郡、庐江郡、晋陵郡等地的人喜欢饮茶，有客人时主人家都会准备好清美的茶。茶有沫饽，喝了对人有好处。凡可作饮料的植物，大都是用它的叶，而天门冬、菝葜却是用其根，也对人有好处。另外，巴东有真茶，喝过之后会使人兴奋得一点睡意都没有。当地人习惯把檀叶和大皂李叶当茶叶来煮，两者都性冷。另外，南方有瓜芦树，它的叶也像茶，很苦很涩，捣成碎末后煮饮，也可以使人整夜不眠，煮盐的人全靠喝这解除疲劳。交州和广州很重视饮茶，客人来了，都会先用加了香料的鲜茶招待客人。”

《坤元录》记述：“在辰州溆浦县西北三百五十里的无射山里，在当地土人风俗中，每遇到吉庆的时候，亲族齐聚一堂，在山上唱歌跳舞。山上有很多茶树。”

《括地图》记载：“在临遂县以东一百四十里的地方，有一条茶溪。”

山谦之《吴兴记》说：“乌程县西二十里的温泉山，出产御用的茶。”

《夷陵图经》记载：“黄牛、荆门、女观、望州等山，出产茶叶。”

《永嘉图经》说：“永嘉县以东三百里的地方，有白茶山。”

《淮阳图经》说：“山阳县以南二十里的地方，有茶坡。”

《茶陵图经》说：“茶陵，就是陵谷中生长茶的意思。”

《本草·木部》记述：“茗，又叫作苦茶。味道甘苦，性微寒，没有毒性。主治瘘疮，利尿，除痰解渴，散热，使人少睡眠。秋天采摘的时候有苦味，能下气，助消化。（原注说：要在春天时采集它。）”

《本草·菜部》记述：“苦菜，又叫荼、选或游冬，生长在四川西部的河谷、山陵和路旁，即使凌寒的冬季里也冻不死。三月初三采摘它，然后弄干。”（原注说：“可能这就是现在所谓的茶，又叫荼，喝了使人清醒不瞌睡。”）《本草注》云：“按《诗经》说‘谁谓荼苦’，又说‘堇荼如饴’，这里所说的荼都是苦菜。陶弘景说的苦荼，是木本植物茶，不是菜类。茗，春季采摘的叫苦搽。（搽读音为途、遐的反切音。）”

《枕中方》记载：“治疗多年的瘘疾时，把苦茶和蜈蚣放在火上一起烤，等到它们烤熟，散发出香气，就把它们分成相等的两份，捣碎筛成末，一份加甘草水洗，一份敷在患处。”

《孺子方》说：“治疗小孩的无故惊厥，用苦茶和葱根煎水服下，就可以治好了。”

四、茶叶产区

【原文】

［八之出］山南[1]：以峡州[2]上，（峡州生远安、宜都、夷陵三县山谷。）襄州、荆州[3]次，（襄州生南漳县山谷，荆州生江陵县山谷。）衡州[4]下，（生衡山、茶陵二县山谷。）金州、梁州[5]又下。（金州生西城、安康二县山谷。梁州生褒城、金牛二县山谷。）

淮南[6]：以光州[7]上，（生光山县黄头港者，与峡州同。）

义阳郡[8]、舒州[9]次，（生义阳县钟山者，与襄州同。舒州生太湖县潜山者，与荆州同。）寿州[10]下，（盛唐县生霍山者，与衡山同也。）蕲州[11]、黄州[12]又下。（蕲州生黄梅县山谷，黄州生麻城县山谷，并与金州、梁州同也。）

浙西[13]：以湖州[14]上，（湖州生长城县顾渚山谷，与峡州、光州同；生山桑、儒师二坞、白茅山、悬脚岭，与襄州、荆州、义阳郡同；生凤亭山伏翼阁飞云、曲水二寺、啄木岭，与寿州、常州同。生安吉、武康二县山谷，与金州、梁州同。）常州[15]次，（常州义兴县生君山悬脚岭北峰下，与荆州、义阳郡同；生圈岭善权寺、石亭山，与舒州同。）宣州、杭州、睦州、歙州[16]下，（宣州生宣城县雅山，与蕲州同；太平县生上睦、临睦，与黄州同；杭州临安、於潜二县生天目山，与舒州同。钱塘生天竺、灵隐二寺；睦州生桐庐县山谷；歙州生婺源山谷；与衡州同。）润州[17]、苏州又下。（润州江宁县生傲山，苏州长洲生洞庭山，与金州、蕲州、梁州同。）

剑南[18]：以彭州[19]上，（生九陇县马鞍山、至德寺、堋口，与襄州同。）绵州、蜀州[20]次，（绵州，龙安县生松岭关，与荆州同；其西昌、昌明、神泉县西山者，并佳；有过松岭者，不堪采。蜀州青城县生丈人山，与绵州同。青城县有散茶、末茶。）邛州[21]次，雅州、泸州[22]下，（雅州百丈山、名山，泸州泸川者，与金州同也）眉州[23]、汉州又下。（眉州丹棱县生铁山者，汉州绵竹县生竹山者，与润州同。）

浙东：以越州上，（余姚县生瀑布泉岭曰仙茗，大者殊异，小者与襄州同。)明州、婺州次,(明州贸县生榆荚村,婺州东阳县东白山,与荆州同。)台州下。(台州,始丰县生赤城者,与歙州同。)

黔中:生思州、播州、费州、夷州。

江南:生鄂州、袁州、吉州。

岭南:生福州、建州、韶州、象州。(福州生闽县方山之阴也。)其思、播、费、夷、鄂、袁、吉、福、建、韶、象十一州未详,往往得之,其味极佳。

【注释】

[1] 山南:即山南道。唐贞观年间十道之一。唐贞观元年(627),划全国为十道,道管辖郡州,郡管辖县。

[2] 峡州:又称夷陵郡,治所在今湖北宜昌市。

[3] 襄州、荆州:今湖北襄阳市、荆州市。

[4] 衡州:今湖南衡阳地区。

[5] 金州、梁州:今陕西安康、汉中一带。

[6] 淮南:即淮南道。唐贞观十道之一。

[7] 光州:又称弋阳郡,今河南潢川、光山县一带。

[8] 义阳郡:今河南信阳市及其周边。

[9] 舒州:又名同安郡,今安徽潜山一带。

[10] 寿州:又名寿春郡,今安徽寿县一带。

[11] 蕲州:今湖北蕲春一带。

[12] 黄州：又名齐安郡，今湖北黄冈一带。

[13] 浙西：即浙西道。唐贞观十道之一。

[14] 湖州：又名吴兴郡，今浙江吴兴一带。

[15] 常州：又名晋陵郡，今江苏常州市一带。

[16] 歙州：又名新安郡，今安徽歙县、祁门一带。

[17] 润州：又称丹阳郡，今江苏镇江、丹阳一带。

[18] 剑南：唐贞观十道之一。

[19] 彭州：又称濛阳郡，今四川彭县一带。

[20] 蜀州：又称唐安郡，今四川崇庆、灌县一带。

[21] 邛州：又称临邛郡，今四川邛崃、大邑一带。

[22] 泸州：又称泸川郡，今四川泸州市及其周边。

[23] 眉州：又名通义郡，今四川眉山、洪雅一带。

【译文】

山南道的茶以峡州产的为最好，（峡州茶产于远安、宜都、夷陵三个县的山谷里。）襄州、荆州产的次之，（襄州的产茶地在南漳县山谷，荆州的产茶地分布在江陵县山谷。）衡州产的差些，（衡州茶产于衡山、茶陵二县的山谷里。）金州、梁州的又差一些。（金州茶产于西城、安康二县的山谷里。梁州茶产于褒城、金牛二县的山谷里。）

淮南地区的茶，以光州产的为最好，（光山县黄头港的茶叶质量与峡州的一样好。）义阳郡、舒州产的次之，（义阳郡义阳县钟山的茶叶质量与襄州的相差不多。舒州太湖县潜山的茶叶质量相当于荆州的。）寿州产的较差，（寿州盛唐县霍山的茶叶质量与衡州的一样。）蕲州、黄州产的又差一些。（蕲州黄梅县山谷、黄州麻城县山谷出产的茶叶质量与金州、梁州的一样。）

浙西地区产的茶，以湖州产的为最好，（湖州长城县顾渚山谷出产的茶叶质量与峡州、光州的一样好；长在山桑、儒师二坞、白茅山、悬脚岭的，与襄州、荆州、义阳郡的差不多；长在凤亭山伏翼阁、飞云、曲水二寺、啄木岭的，与寿州、常州的质量一样；长在安吉、武康二县山谷的，与金州、梁州的质量一样。）常州产的次之，（常州义兴县君山悬脚岭北峰下出产的茶叶，与荆州、义阳郡的茶叶质量一样；生长在圈岭善权寺、石亭山的茶叶，质量与舒州的一样。）宣州、杭州、睦州、歙州产的差些，（宣州宣城县雅山的茶叶，质量与蕲州的一样，太平县上睦、临睦的，与黄州的差不多；杭州临安、於潜二县的茶叶产自天目山，质量与舒州的相同。钱塘天竺、灵隐二寺产的茶，睦州桐庐县山谷、歙州婺源山谷产的茶，质量与衡州相当。）润州、苏州产的又差一些。（润州江宁县傲山、苏州长洲洞庭山的茶叶，与金州、蕲州、梁州的质量相同。）

剑南地区的茶，以彭州产的为最好，（长在九陇县马鞍山至德寺、堋口一带的茶叶，质量与襄州的相同。）绵州、蜀州产的次之，（绵州龙安县松岭关出产的茶叶，质量与荆州的差不多，西昌、昌明、神泉县西山的茶叶都是好茶，但是过了松岭的就不太好了，不值得采摘。蜀州青城县丈人山上的茶叶，质量与绵州的差不多，也一样好。青城县有散茶、末茶。）邛州、雅州、泸州的差些，（雅州百丈山、名山，泸州泸川的茶叶，与金州一样）眉州、汉州又差一些。（眉州丹棱县铁山、汉州绵竹县竹山出产的茶叶，质量与润州的一样。）

浙东地区的茶，以越州产的为最好，（余姚县瀑布泉岭的茶叶叫仙茗，那里的大叶子茶很特殊，小叶茶与襄州的茶一样。）明州、婺州产的次之，（明州贸县生榆荚村、婺州东阳县东白山的茶叶，与荆州的一样。）台州产的差些。（台州始丰县赤城山上的茶叶，与歙州的相同。）

黔中产茶地有：思州、播州、费州、夷州。

江南产茶地有：鄂州、袁州、吉州。

岭南产茶地有：福州、建州、韶州、象州。（福州的茶长在福州闽方山山阴。）

对于思、播、费、夷、鄂、袁、吉、福、建、韶、象这十一州的茶，其具体产地和一些情况我还不是很了解，经常得到这些地方的茶叶，觉得味道都非常好。

五、茶具省略

【原文】

［九之略］其造[1]具[2]：若方春禁火[3]之时，于野寺山园，丛手而掇，乃蒸，乃舂，乃拍，以火干之，则棨、扑、焙、

贯、棚、穿、育等七事皆废[4]。

其煮器：若松间石上可坐，则具列废，用槁（gǎo）薪、鼎鬲之属，则风炉、灰承、炭楇、火筴、交床等废。若瞰泉临涧，则水方、涤方、漉水囊废。若五人已下，茶可末而精者，则罗废。若援藟（lěi）[5]跻[6]岩，引絙（gēng）[7]入洞，于山口炙而末之，或纸包、合贮，则碾、拂末等废。既瓢、碗、筴、札、熟盂、鹾簋悉以一筥盛之，则都篮废。

但城邑之中，王公之门，二十四器阙一，则茶废矣！

【注释】

[1] 造：茶的制作。

[2] 具：制造茶饼的工具。

[3] 禁火：古时民间祭奠习俗。即在夏历冬至后一百零五日，清明节前一二日，禁烟火，只吃冷食，叫“寒食节”。

[4] 废：废弃，这里指省略（某些工具或程序）。

[5] 藟：藤蔓。

[6] 跻：登、升。

[7] 絙：绳索。

【译文】

关于制作茶饼的道具：如果正当春季寒食前后，大家在野外寺院或山林茶园一齐动手采摘茶叶，当即蒸熟、捣碎，用火烘烤干燥，然后直接饮用，那么就可以省略掉棨（锥刀）、扑（竹鞭）、焙（焙坑）、贯（细竹条）、棚（置焙坑上的棚架）、穿（细绳索）、育（贮藏工具）等七种工具了。

煮茶用具和工序也是可以省略掉一些的：如果在松间有石头可以放茶具，那么就可以不用具列（陈列床或陈列架）了。如果用干柴鼎锅之类烧水，那么，风炉、灰承、炭檛、火筴、交床等都可以省略掉。如果是在用水方便的泉上溪边，那么就可以不用水方、涤方、漉水囊了。如果是五人以下出游，茶又可碾得精细，这样就不必用罗筛筛选了。倘若要攀藤附葛，登上险岩，或沿着粗大绳索进入山洞，就要先在山口把茶烤好捣细，用纸包或者用盒装好，那么，碾、拂末这些用具和及相应的工序都可以省略掉。要是瓢、碗、筴、札、熟盂、鹾簋都用管装，都篮也可以省去。

但是，在非常讲究的贵族之家里，如果这制茶的二十四道工序和器物缺少一样，就不能算是真正的饮茶了。

六、书写张挂

【原文】

［十之图[1]］以绢素或四幅，或六幅分布[2]写之，陈诸座隅，则茶之源、之具、之造、之器、之煮、之饮、之事、之出、之略，目击[3]而存，于是《茶经》之始终备焉。

【注释】

[1] 十之图：第十章，挂图。意指把《茶经》全文写在素绢上，然后挂起来。《四库全书总目提要》说："其曰图者，乃谓统上九类写以绢素张之，非别有图。其类十，其文实九也。"

[2] 分布：分到各个部分，这里指分别。

[3] 击：接触，俗语有"目击者"，这里是看见的意思。

【译文】

用白绢四幅或六幅，把上述我对茶的研究和见解分别抄在这些白绢上面，张挂在座位旁边。这样，茶的起源、采制工具、制茶方法、煮饮器具、煮茶方法、饮茶方法、有关茶事的记载、产地以及茶具的省略方法等，便随时都可以看在眼里，于是《茶经》从头至尾的内容就会完备地记在脑海里了。

北宋"龙团凤饼"蒸青茶团模具示意图。选自熊蕃《宣和北苑贡茶录》，四库本。

陆

第六讲

核心价值

品茗读书会友图。选自秦淮寓客编《绿窗女史》，心远堂藏板，明代崇祯年间刊本。

唐《封氏闻见记·饮茶》说：

楚人陆鸿渐为《茶论》，说茶之功效并煎茶炙茶之法，造茶具二十四事，以都统笼贮之。远近倾慕，好事者家藏一副。有常伯熊者，又因鸿渐之论广润色之。于是茶道大行，王公朝士无不饮者。

就是说，以陆羽的《茶经》为标志，茶道很快传播开来。那么，《茶经》所蕴含的茶道及核心价值理念是什么呢？

研读《茶经》，我们认为，陆羽茶道的核心价值理念，主要是“俭”“精”“雅”“乐”，也可以称之为“四大理念”。当然，也有学者将其归结为“俭”“清”“和”“静”或“和”“静”“精”“乐”等，可能是角度不同，本质应该是相通的，因为都出自对《茶经》文本及其蕴含的茶道的解读。“俭”“精”“雅”“乐”四大理念如果用一个字概括就是“和”，茶和天下。在这里，我们将以文本为依据，稍微展开讲一讲这四大理念与“和”的理念。

一、关于“俭”

“俭”作为陆羽茶道核心价值理念之一，主要指节俭、勤俭、谦俭、恭俭、廉俭、简俭、省俭、清俭、俭德、俭朴、俭用、俭静、俭力等。陆羽研究专家童正祥先生在《茶性俭，俭以养德——陆羽茶道之俭德精神与当代茶廉文化》一文中，通过对《茶经》俭德精神含义与故事的叙述，认为“茶性俭”是陆羽茶道的立论基础之一，历史上的俭茶人物是陆羽茶道的重要精神源头。当前，弘扬茶俭精神，重温俭茶故事，有利于开创茶廉文化新局面。对此，我们是高度认同的。

《茶经》七千言，有一条主线贯穿其中，就是“俭”，或者说是俭德精神、俭德思想、俭德文化，这是陆羽茶道核心价值理念之一。这里的“俭”具有三重含义：一是“茶性俭”，指茶叶的自然属性、物质属性，这是茶叶的第一位属性；二是“茶事性俭”，从种茶、采茶、制茶，到煮茶、饮茶的器具和流程，一切从简，体现的是节俭精神；三是“茶人性俭”，指的是饮茶之人所具备的节俭美德。茶、茶事、茶人“俭”的统一，也就是天人合一、人与自然的统一、物质属性与文化属性的统一。

（一）茶性俭

《茶经》曰：

茶之为用，味至寒，为饮。

若热渴、凝闷、脑疼、目涩、四肢烦、百节不舒，聊四五啜，与醍醐、甘露抗衡也。（《一之源》）

在这里，陆羽说明的是，茶叶性寒，适宜作为饮料。自古以来，各种中药典籍在论述生药时，首先标明其性味，即寒、热、温、凉，是因为生药与所治疾病的性质是一一对应、相反相成的。《神农本草经》说：“疗寒以热药，疗热以寒药。”《素问·至真要大论》说：“寒者热之，热者寒之。”这是基本的用药之道。

《茶经》同时说明，饮茶可作为“降火”（去热症）之用，如果感到发烧、口渴、胸闷、头疼、眼涩、四肢无力、关节不畅等热症，喝上四五口，其功效不亚于珍贵的饮品，如醍醐、甘露等。用廉价的茶治热症，不仅符合中医理论，更是一种俭德行为。一句话：茶饮之用，契合俭德。

这里，我们给大家讲一个故事。据《三国志·蜀志·诸葛亮传》记载，诸葛亮北伐曹魏以汉中为营，在勉阳定军山下屯兵八年。当地有流传说，诸葛亮出山之后辅佐刘备光复汉室。当时群雄割据、边关不安，丞相焦急万分，事无巨细都要亲自过问，不久便着急上火，积劳成疾。特别是屯兵定军山时，病情加重。经梦中老人指点，取定军山千年古茶树之嫩叶焙制泡饮，数日之后疾病渐愈并耳聪目明，操劳国家大事，精力充沛。于是，汉中王刘备给诸葛亮加号“孔明”。孔明感戴茶树恩德不已，亲往茶山设坛，拜祭茶树除疾迪智之功。此后，当地村民亦将茶树作为神树顶礼膜拜，后辈们为感恩修庙，庙内塑有孔明、陆羽和药王像，人称“三圣庙”。直到20世纪60年代，当地还存有一座“三圣庙”。汉中市茶叶专家程纯，于1964年在小河庙高坎子对仅存的一棵古茶树作过详细考察，认为这棵古茶树的树龄至少在两千七百年以上。这个推测，正好与当地广泛流传的民间故事和传说的内容十分接近。

讲这个故事的时候，我们联想到了《茶经》的相关纪录。《茶经》开宗明义：

茶者，南方之嘉木也，一尺、二尺乃至数十尺。其巴山峡川，有两人合抱者，伐而掇之。（《一之源》）

陆羽讲的“南方”，指的是秦岭以南；“巴山峡川”，指的是秦巴山区；“数十尺”“两人合抱”“伐而掇之”，指的正是古茶树。又，《茶经》曰：

山南：以峡州上，襄州、荆州次，衡州下，金州、梁州又下。（《八之出》）

金州、梁州，指的正是今天陕西安康、汉中一带。这与我们前面讲的故事有一种巧合，似乎三国之后一千年，陆羽在考察茶事时，在汉中定军山见到过这棵产出茶叶、为诸葛亮治好疾病的古茶树。穿越千年时空，我们仿佛看到陆羽在巴山“伐而掇之”的身影。他所见到的“南方之嘉木”，或许正是诸葛亮屯兵定军山时期的古茶树。因为那里的“三圣庙”记载了智圣和茶圣与巴山茶树的故事。

陆羽在《茶经》里，直接点明了“茶性俭”这个茶的根本属性：

茶性俭，不宜广，广则其味黯澹。且如一满碗，啜半而味寡，况其广乎！（《五之煮》）

意思是说，茶性俭，煮的时候水不宜多，水越多味道就越淡。如同一满碗茶，喝了一半，味道就觉得差了一些，何况水加多了呢？陆羽这里讲的“茶性俭”，核心是说，茶叶相比其他生药和饮料，虽然功效明显，“可以清心也”，但味道比较清淡，正所谓“清茶一杯”，这是茶叶的物质属性。同时，“水满则溢”，茶若满碗，在行茶过程中也难免会洒溅出来，正所谓“满招损，谦受益，时乃天道”，故茶不宜满碗的规则，蕴涵着“天道”，即中华民族特有的人文精神。

（二）茶事性俭

茶事，主要包括种茶、采茶、制茶、煮茶、饮茶的全过程以及与之有关的器具的制作和使用等。陆羽在《茶经》中始终强调，茶事要因地制宜、因陋就简，体现俭德精神，反对讲排场、比阔气，奢侈浪费。

比如，在器具的制作上，《茶经》曰：

襜：一曰衣。以油绢或雨衫、单服败者为之。（《二之具》）

“襜”，就是围裙，制茶人系在衣服前面，使衣服不容易被弄脏。在围裙的制作上，陆羽说，除“油绢”外，还可以用“雨衫、单服败者为之”，“雨衫、单服败者”就是穿坏了的雨衣、单衣。这体现的是俭德精神。

《茶经》又曰：

鍑：以生铁为之，今人有业冶者，所谓急铁，其铁以耕刀之趄，炼而铸之。

洪州以瓷为之，莱州以石为之，瓷与石皆雅器也，性非坚实，难可持久。用银为之，至洁，但涉于侈丽。雅则雅矣，洁亦洁矣，若用之恒，而卒归于铁也。（《四之器》）

“鍑”，同“釜”，也就是制茶用的锅。陆羽讲，这种锅可以用生铁做成。“生铁”就是搞冶炼的人说的“急铁”，是以用坏了的农具炼铸的。洪州人用瓷器做锅，莱州人用石器做锅，瓷锅和石锅都是雅致好看的器皿，但不坚固，不耐用。用银做锅，非常清洁，但不免过于奢侈了。瓷锅、石锅和银锅，雅致固然雅致，清洁确实清洁，但从耐久实用看，还是以铁制的为最好。这里，陆羽提倡的是“以耕刀之趄，炼而铸之”，也就是废物利用，反对的是“涉于侈丽”，这同样体现的是俭德精神。

又如，在器具的使用和与之相应的工序上，《茶经》曰：

其造具：若方春禁火之时，于野寺山园，丛手而掇，乃蒸，乃舂，乃拍，以火干之，则棨、扑、焙、贯、棚、穿、育等七事皆废。

其煮器：若松间石上可坐，则具列废，用槁薪、鼎钖之属，则风炉、灰承、炭楇、火筴、交床等废。若瞰泉临涧，则水方、涤方、漉水囊废。若五人已下，茶可末而精者，则罗废。若援藟跻岩，引絙入洞，于山口炙而末之，或纸包、合贮，则碾、拂末等废。既瓢、碗、筴、札、熟盂、鹾簋悉以一筥盛之，则都篮废。（《九之略》）

文中的“废”，即省略、简省之意。通篇讲的是，如果正当春季寒食前后，大家在野外寺院或山林茶园一齐动手采摘茶叶，当即蒸熟、捣碎，用火烘烤干燥，然后直接饮用，那么就可以省略掉棨（锥刀）、扑（竹鞭）、焙（焙坑）、贯（细竹条）、棚（置焙坑上的棚架）、穿（细绳索）、育（贮藏工具）等七种工具了。

陆羽认为，煮茶用具和工序也是可以省略掉一些的。如果在松间有石头可以放茶具，那么就可以不用具列（陈列床或陈列架）了。如果用干柴鼎锅之类烧水，那么，风炉、灰承、炭楇、火筴、交床等都可以省略掉。如果是在用水方便的泉上溪边，那么就可以不用水方、涤方、漉水囊了。如果是五人以下出游，茶又可碾得精细，这样就不必用罗筛筛选了。倘若要攀藤附葛，登上险岩，或沿着粗大绳索进入山洞，就要先在山口把茶烤好捣细，用纸包或者用盒装好，那么，碾、拂末这些用具和及相应的工序都可以省略掉。要是瓢、碗、筴、札、孰盂、盐都用筥装，都篮也可以省去。

这就说明，在某些环境中，无论是“造具”，还是“煮器”，以及相应的工序，都是可以部分，甚至全部省略、从简的，这更是体现了俭德精神。

（三）茶人性俭

勤俭节约、艰苦朴素是中华民族的传统美德。诸葛亮在《诫子书》说：“夫君子之行，静以修身，俭以养德。”《说文解字》解释：“俭，约也。”俭，意为节俭、节省。古代圣贤，包括孔子、老子、孟子、荀子等哲学家、教育家，管仲、商鞅、诸葛亮、王安石等政治家、思想家，都高度重视俭德品行的养成，并身体力行，为社会作出表率。《茶经》曰：

为饮，最宜精行俭德之人。（《一之源》）

“茶性俭”“最宜精行俭德之人”，体现的是茶性和人性的统一。在《茶经》中，陆羽对具备“精行俭德”品德的茶人，给予了热情讴歌和高度赞美。《七之事》中，陆羽讲述了三则故事，充分体现出了他崇尚俭德的价值取向。

1. 《晋中兴书》：“陆纳为吴兴太守时，卫将军谢安尝欲诣纳，纳兄子俶怪纳无所备，不敢问之，乃私蓄十数人馔。安既至，所设唯茶果而已。俶遂陈盛馔，珍馐必具。及安去，纳杖俶四十，云：‘汝既不能光益叔父，奈何秽吾素业？’”

这个故事说，陆纳任吴兴太守时，卫将军谢安曾经想来拜访陆纳。陆纳的侄子陆俶担心他没有什么准备，但是又不敢去问他，便私下准备了十多人吃的饭菜。谢安来到之后，陆纳仅仅用茶和果品来招待谢安，于是陆俶就摆上丰盛的肴馔，各种美味都有。等到谢安离开之后，陆纳打了陆俶四十板子，说："你既然不能给你叔父增添荣耀，为什么还要来破坏我廉洁的名誉呢？"

陆纳，字祖言。吴郡吴县（今苏州）人，东晋司空陆玩的儿子。少有清操，贞厉绝俗。累迁黄门侍郎、扬州别驾、尚书吏部郎，出为吴兴太守。"陆纳杖俶"的故事，体现了陆太守廉洁的家风。

2.《晋书》："桓温为扬州牧，性俭，每燕饮，唯下七奠，拌茶果而已。"

这个故事说，桓温做扬州太守的时候，生性节俭，每次宴会所吃喝的东西，只是七碟茶食、果馔而已。

桓温（312—373），永和元年（345）任荆州刺史，封安西将军，统管荆、梁等州军事。官至大司马，都督中外诸军事。桓温将军身居高位，却以七碟茶果待客，既不失礼仪，又彰显廉节。

3. 南齐世祖武皇帝遗诏："我灵座上，慎勿以牲为祭，但设饼果、茶饮、干饭、酒脯而已。"

齐武帝萧赜（440—493）在位期间，恢复禄田俸佚，劝课农商，减免赋役，赈济穷困，从宽执法，注重学校教育，修建孔庙，使社会出现了安定的局面。对于其后事，特意下诏说："我识灭之后，身上着夏衣，画天衣，纯乌犀导，应诸器悉不得用宝物及织成等，唯装复夹衣各一通。常所服身刀长短二口铁环者，随我入梓宫。祭敬之典……我灵上慎勿以牲为祭，唯设饼、茶饮、干饭、酒脯而已。天下贵贱，咸同此制。”（《南齐书·武帝本纪》）身后薄葬，祭典从简。如此君王，史不多见，堪称天下之楷模也！

二、关于“精”

“精”作为陆羽茶道的核心价值理念之一，主要指精心、精工、精巧、精深、精到、精当、精妙、精湛、精美、精细、精致、精准、精确、精良、精华、精品等。“精”的理念也贯穿陆羽《茶经》始终，贯穿《茶经》三卷十节，即之源、之具、之造、之器、之煮、之饮、之事、之出、之略、之图始终，具体表现为《茶经》通篇阐述了精茶、精水、精具、精器、精采、精造、精煮、精饮、精人、精事等，全面诠释了这一核心价值理念。在这里，我们举例说明。

（一）精茶

中华茶道有“四要”，即精茶、真水、活火、妙器。摆在第一位的是精茶，这是整个茶事、茶艺、茶道的基础。什么样的茶才算精茶呢？《茶经》曰：

野者上，园者次；阳崖阴林，紫者上，绿者次；笋者上，芽者次；叶卷上，叶舒次。（《一之源》）

大意是说，茶叶以山野自然生长的为好；在向阳面山坡上的林荫下生长的茶树，芽叶呈紫色的为好；芽叶以节间长、外形细长如笋的为好；叶芽卷曲的为好。

从茶叶的产地看，《茶经》说：

山南：以峡州上；

淮南：以光州上；

浙西：以湖州上；

剑南：以彭州上；

浙东：以越州上；

其思、播、费、夷、鄂、袁、吉、福、建、韶、象十一州未详，往往得之，其味极佳。（《八之出》）

这些产地的茶，都是"精茶"。

《茶经》还用类比的方法说明茶的品质差异以及对人体健康的影响：

茶为累也，亦犹人参。上者生上党，中者生百济、新罗，下者生高丽。有生泽州、易州、幽州、檀州者，为药无效，况非此者！设服荠苨，使六疾不瘳。知人参为累，则茶累尽矣。（《一之源》）

大意是说，茶的品质差异是很大的，对人体健康的作用就像人参一样。上党出产的人参品质最好，百济、新罗出产的人参品质居中，高丽出产的人参品质较差。而泽州、易州、幽州、檀州等地出产的人参，则完全没有什么药用效果，更何况还有比它们更次的呢！如同服用了类似人参的荠苨，对疾病根本就没有治愈作用一样，明白了劣质人参的危害，饮用劣质茶的危害也就不言而喻了。

从茶叶的形状看，也可以分辨什么是精茶，《茶经》曰：

茶有千万状，卤莽而言，如胡人靴者，蹙缩然；犎牛臆者，廉襜然；浮云出山者，轮囷然；轻飙拂水者，涵澹然；有如陶家之子，罗膏土以水澄泚之；又如新治地者，遇暴雨流潦之所经。此皆茶之精腴。（《三之造》）

大意是说，茶叶的形状千姿百态，有的像胡人的皮靴，紧皱蜷缩；有的像野牛的胸骨，细长齐整有细微的褶痕；有的像在山头缭绕的白云，团团盘曲；有的像轻风拂水，微波涟漪；有的像陶匠筛出的细土，再用水沉淀出的泥膏那么光滑润泽；有的又像新整的土地，被暴雨急流冲刷而高低不平。这六种形状的茶叶，都是茶中精品，也就是“精茶”。

（二）精采、精造

精茶之所以成为精茶，除了产地、品质等因素外，采摘和制作也是非常重要的环节。《茶经》曰：

采不时，造不精，杂以卉莽，饮之成疾。（《一之源》）

“采不时”，说的是采摘的时机不精准；“造不精”，说的是制造的方法不精良。这句话的大意是：如果茶叶采摘的时机不对，或者茶叶的制作不够精良，里面掺有野草败叶等杂质，喝了就会生病。

那么，到底什么时候采茶才叫精准呢？《茶经》曰：

凡采茶，在二月、三月、四月之间。

茶之笋者，生烂石沃土，长四五寸，若薇蕨始抽，凌露采焉。茶之芽者，发于藂薄之上，有三枝、四枝、五枝者，选其中枝颖拔者采焉。

其日，有雨不采，晴有云不采。晴，采之。（《三之造》）

采茶的学问还是很大的。这一段文字告诉我们：一是采茶一般在二月、三月、四月进行，这是就大的时间概念而言的。二是肥厚壮实的芽叶如同嫩笋，生长在含有碎石的土壤中，长度四至五寸，好像刚刚破土而出的嫩薇、蕨芽，清晨带着露水去采摘最好；细小的芽叶，多生长在草木丛中，一个枝条上有三、四、五个分枝的，选择其中叶片秀长挺拔的采摘，这是就芽叶的生长和形状而言的。三是采摘要看天气，雨天不能采，晴天有云时也不能采，只有天气晴朗时才能采摘，这是就天气而言的。

什么方法制作才叫精良呢？《茶经》曰：

自采至于封，七经目。

采之，蒸之，捣之，拍之，焙之，穿之，封之，茶之干矣。（《三之造》）

大意是说，茶从采摘到封装，一共有七道工序。当天就将采摘的芽叶进行蒸、捣、拍、焙、穿、封，这样茶叶既能保持干燥，也便于保存。这是笼统而言的。事实上，《茶经》对每一道工序都作了详细说明，指出什么叫"精造"，我们将在下面详细介绍。

（三）精饮

在《茶经》中，专门讲述了如何饮茶，如何做到"精饮"。比如：

凡煮水一升，酌分五碗，乘热连饮之。以重浊凝其下，精英浮

其上。如冷，则精英随气而竭，饮啜不消亦然矣。（《五之煮》）

大意是说，通常煮一升水的茶，可分为五碗，茶应该趁热喝。这是因为杂质浊物沉淀在底下，而精华浮在上面。茶冷却后，精华就会随着热气挥发了，喝起来自然就不受用了。

（四）精事、精人

《茶经》一针见血地指出当时的人们并不精于茶事的各种表现：

天育万物，皆有至妙，人之所工，但猎浅易。所庇者屋，屋精极；所着者衣，衣精极；所饱者饮食，食与酒皆精极之。茶有九难：一曰造，二曰别，三曰器，四曰火，五曰水，六曰炙，七曰末，八曰煮，九曰饮。阴采夜焙，非造也；嚼味嗅香，非别也；膻鼎腥瓯，非器也；膏薪庖炭，非火也；飞湍壅潦，非水也；外熟内生，非炙也；碧粉缥尘，非末也；操艰搅遽，非煮也；夏兴冬废，非饮也。（《六之饮》）

大意是说，上天孕育了万物，每一种都有其最为精巧的地方，而人类所讲求的，却只涉及那些浅显容易的东西。人们住在提供庇护的房屋里面，房屋的建构十分精致；人们穿的衣服，也极为精细；用来饱腹的是饮食，食物和酒都十分精美。言下之意是，人们饮茶，却不擅长、不“精极”，主要表现为九大困难：一是制作，二是鉴别，三是茶具，四是火力，五是水质，六是炙烤，七是碾末，八是煮茶，九是品饮。具体说，在阴天里采集，在夜里烘焙，这不是制茶的正确方法；用咀嚼的方法识别味道，以嗅闻的方法辨别香气，这不是识别的正确方法；用沾有腥膻气的风炉和碗来装茶，这不是好的器具；用生油烟的柴和烤过肉的炭来烧制茶，这并不是理想的燃料；用流动很急或停滞不流的水来烧茶，这不是适当的水；把茶烤得外面熟里面生，这不是合适的炙烤方法；把茶捣得太细，变成了绿色的粉末，则是捣碎不当；动作不熟练或者搅动得太快，这是不会煮茶的表现；夏天可以喝茶而冬天不能喝，这是不懂得饮茶的表现。《茶经》用较大的篇幅讲述了如何克服这九大困难，最终达至“精极”，我们同样将在下面详细介绍。

同时，《茶经》强调：

茶之为用，味至寒，为饮，最宜精行俭德之人。（《一之源》）

茶的功效，因为茶性寒凉，可以降火，适宜作为饮料，也最适合品行端正有节俭美德的人饮用。“精行俭德之人”，强调的是茶人“精”和“俭”的品德和行为，这是至关重要的。

三、关于“雅”

“雅”作为陆羽茶道的核心价值理念之一，主要指雅致、雅素、雅逸、典雅、幽雅、素雅、清雅、静雅、新雅、闲雅、庄雅、纯雅、精雅、简雅等。“雅”的理念同样贯穿陆羽《茶经》始终。《茶经》还特别强调茶事即雅事、茶器即雅器、茶人即雅人等理念。

（一）茶事即雅事

陆羽在《茶经》中，用他十分擅长的诗一般的语言，描述了茶事活动，使人感觉茶事是多么素雅、清雅、静雅、高雅。比如：

其沸，如鱼目，微有声，为一沸；缘边如涌泉连珠，为二沸；腾波鼓浪，为三沸……有顷，势若奔涛溅沫，以所出水止之，而育其华也。（《五之煮》）

这段话的大意是，煮水时，如果水泡像鱼眼，有轻微的声响，此时被称为“一沸”。锅的边缘有如涌泉般水泡连珠，被称为“二沸”。水在锅中翻腾如浪，被称为“三沸”。一会儿，水沸如波涛翻滚，水沫飞溅，这时把刚才舀出的水倒入，使水不再沸腾，而育成茶的精华。鱼目微声、涌泉连珠、腾波鼓浪、奔涛溅沫，将煮水的过程描写得是何等雅致！

又如：

沫饽，汤之华也。华之薄者曰沫，厚者曰饽，轻细者曰花。如枣花漂漂然于环池之上；又如回潭曲渚，青萍之始生；又如晴天爽朗，有浮云鳞然。其沫者，若绿钱浮于水湄；又如菊英堕于樽俎之中。饽者，以滓煮之，及沸，则重华累沫，皤皤然若积雪耳。《荈赋》所谓“焕如积雪，烨若春藪”，有之。（《五之煮》）

这段话的大意是，“沫饽”是茶汤的精华，薄的叫“沫”，厚的叫“饽”，轻微细小的叫“花”。“花”就像枣花落在池塘上缓缓漂动，又像曲折的潭水和绿洲上新生的浮萍，又像晴朗的天空中飘过的浮云。“沫”好似水中青苔浮在岸边，又如同菊花纷纷落入杯中。“饽”是茶渣煮出来的，水沸腾时，“沫饽”不断生成积累，层层堆积如白雪一般。《荈赋》中说的“明亮像积雪，灿烂如春花”，描绘的就是这番景象。陆羽的整个描述，如诗如画，极为雅致!

（二）茶器即雅器

陆羽在《茶经》中，对二十四器及其制作的描述，也很新雅、庄雅、简雅，使不少茶器成为雅器。比如：

风炉，以铜、铁铸之，如古鼎形。厚三分，缘阔九分，令六分虚中，致其圬墁。凡三足，古文书二十一字：一足云“坎上巽下离于中”，一足云“体均五行去百疾”，一足云“圣唐灭胡明年铸”。其三足之间，设三窗，底一窗以为通飙漏烬之所。上并古文书六字：一窗之上书“伊公”二字，一窗之上书“羹陆”二字，一窗之上书“氏茶”二字，所谓“伊公羹、陆氏茶”也。置墆埭于其内，设三格：其一格有翟焉，翟者，火禽也，画一卦曰离；其一格有彪焉，彪者，风兽也，画一卦曰巽；其一格有鱼焉，鱼者，水虫也，画一卦曰坎。巽主风，离主火，坎主水。风能兴火，火能熟水，故备其三卦焉。其饰，以连葩、垂蔓、曲水、方文之类。（《四之器》）

就是这样一个普普通通的风炉，按照陆羽的做法，在三只脚上铸有二十一个古字——“坎上巽下离于中”“体均五行去百疾”“圣唐灭胡明年铸”；在三个洞口上写有六个古字——“伊公羹，陆氏茶”；在炉子的三格上，分别画有野鸡图案（野鸡是火禽，此为离卦）、彪的图案（彪是风兽，此为巽卦）、鱼的图案（鱼是水虫，此为坎卦），“巽”表示风，“离”表示火，“坎”表示水，这三卦都与煮茶有关；炉身通常用花卉、树木、流水、方形花纹等图案来装饰。这活脱脱成为含有丰富文化内涵的“雅器”。

又比如：

碗，越州上，鼎州次，婺州次，岳州次，寿州、洪州次。或者以邢州处越州上，殊为不然。若邢瓷类银，则越瓷类玉，邢不如越一也；若邢瓷类雪，则越瓷类冰，邢不如越二也；邢瓷白而茶色丹，越瓷青而茶色绿，邢不如越三也。

越州瓷、岳瓷皆青，青则益茶，茶作白红之色。邢州瓷白，茶色红；寿州瓷黄，茶色紫；洪州瓷褐，茶色黑。悉不宜茶。（《四之器》）

这段话的大意是，碗，越州产的品质最好，鼎州、婺州的差些，岳州的又差点，寿州、洪州的再差些。有人认为邢州产的比越州好，（我认为）完全不是这样。如果说邢州瓷质地像银，那么越州瓷就像玉，这是邢瓷不如越瓷的第一点；如果说邢瓷像雪，那么越瓷就像冰，这是邢瓷不如越瓷的第二点；邢瓷白而使茶汤呈红色，越瓷青而使茶汤呈绿色，这是邢瓷不如越瓷的第三点。越州瓷、岳州瓷都是青色，能增进茶的水色，使茶汤现出红白色。邢州瓷白，茶汤是红色；寿州瓷黄，茶汤呈紫色；洪州瓷褐，茶汤呈黑色，这些都不适合盛茶。在这里，陆羽通过邢瓷与越瓷的比较，进一步凸显了越瓷的高雅。

当然，陆羽也反对为了追求“雅”而陷于奢华：

（鍑，）洪州以瓷为之，莱州以石为之。瓷与石皆雅器也，性非坚实，难可持久。用银为之，至洁，但涉于侈丽。雅则雅矣，洁亦洁矣，若用之恒，而卒归于铁也。（《四之器》）

大意是说，洪州人用瓷器做锅，莱州人用石材做锅，瓷锅和石锅都是雅致好看的器皿，但不坚固，不耐用。用银做锅，非常清洁，但不免过于奢侈了。雅致固然雅致，清洁确实清洁，但从耐久实用看，还是以铁制的为最好。

但是，对于“城邑之中，王公之门”，则另当别论：

但城邑之中，王公之门，二十四器阙一，则茶废矣！（《九之略》）

陆羽在这里讲的是，煮茶用具和工序根据实际情况，是可以省略掉一些的，但在非常讲究的贵族之家，如果制茶的二十四个器物缺少一样，就不能算是真正的饮茶了，也就少了饮茶的雅致。

陆羽还多次谈到，要对茶器进行必要的装饰，如“头系一小辗，以饰楇也”（《四之器·炭楇》），“纫翠钿以缀之”（《四之器·漉水囊》），“银裹两头”（《四之器·筴》），“作方眼，使玲珑”（《四之器·都蓝》），等等，都是为了使这些茶器精雅起来。陆羽也谈到了茶器的一些禁忌。比如，他特别指出，不能用沾有腥膻气的风炉和碗来煮茶和装茶，否则就容易串味，影响茶的品质，破坏茶的清幽雅致。

（三）茶人即雅人

陆羽在《茶经》里提及的人物，大多是王公贵族、文人雅士等，比如：

三皇：炎帝神农氏。

周：鲁周公旦，齐相晏婴。

汉：仙人丹丘子，黄山君，司马文园令相如，扬执戟雄。

吴：归命侯，韦太傅弘嗣。

晋：惠帝，刘司空琨，琨兄子兖州刺史演，张黄门孟阳，傅司隶咸，江洗马统，孙参军楚，左记室太冲，陆吴兴纳，纳兄子会稽内史俶，谢冠军安石，郭弘农璞，桓扬州温，杜舍人育，武康小山寺释法瑶，沛国夏侯恺，余姚虞洪，北地傅巽，丹阳弘君举，乐安任育长，宣城秦精，敦煌单道开，剡县陈务妻，广陵老姥，河内山谦之。

后魏：瑯琊王肃。

宋：新安王子鸾，鸾兄豫章王子尚，鲍照妹令晖，八公山沙门昙济。

齐：世祖武帝。

梁：刘廷尉，陶先生弘景。

皇朝：徐英公勣。（《七之事》）

陆羽特别指出：

茶之为饮，发乎神农氏，闻于鲁周公，齐有晏婴，汉有扬雄、司马相如，吴有韦曜，晋有刘琨、张载、远祖纳、谢安、左思之

徒，皆饮焉。滂时浸俗，盛于国朝，两都并荆渝间，以为比屋之饮。（《六之饮》）

大意是说，茶作为一种可以饮用的东西，从神农氏开始，到周公旦记载下来，才得以流传而为大家所知。春秋时齐国的晏婴，汉代的扬雄、司马相如，三国时吴国的韦曜，晋代的刘琨、张载、陆纳、谢安、左思等人都喜欢饮茶。后来饮茶这一习惯在民众中广泛传开，渗入日常生活，逐渐成为一种习俗，并在唐代兴盛起来。在长安、洛阳两个都城，以及荆州、渝州等地方，家家户户都饮茶。陆羽在这里所说的晏婴、扬雄、司马相如、韦曜、刘琨、张载、陆纳、谢安、左思等，既是茶人，亦为雅人。

事实上，作为一代茶圣，陆羽“工古调歌诗，兴极闲雅”，本身就是一个雅人。前面我们讲过，陆羽融儒释道为一体，在众多领域都有很高的造诣。《自传》写道：

自禄山乱中原，为《四悲诗》，刘展窥江淮，作《天之未明赋》，皆见感激当时，行哭涕泗。著《君臣契》三卷，《源解》三十卷，《江表四姓谱》八卷，《南北人物志》十卷，《吴兴历官记》三卷，《湖州刺史记》一卷，《茶经》三卷，《占梦》上、中、下三卷，并贮于褐布囊。

从陆羽一生的活动和著述可以看出，陆羽不但是一位茶学专家，同时还是一位著名的诗人、音韵和小学专家、书法家、演员、剧作家、史学家、传记作家、旅游和地理学家等。他一生鄙夷权贵，不重财富，酷爱自然，坚持正义，是一名地地道道的文人雅士。

四、关于“乐”

“乐”作为陆羽茶道的核心价值理念之一，主要指乐观、乐事、乐心、乐德、欢乐、雅乐、丰乐、康乐、欣乐、至乐、清乐等。“乐”的理念蕴含在陆羽《茶经》之中，较突出的是康乐、欣乐、雅乐等。

（一）除去身体疾病达至快乐

这是就茶的功能而言的。饮茶可以除去身体上的一些疾病，还可强身健体，最终达至快乐，也就是康乐。《茶经》曰：

若热渴、凝闷、脑疼、目涩、四肢烦、百节不舒，聊四五啜，与醍醐、甘露抗衡也。（《一之源》）

大意是说，如果感到发烧、口渴、胸闷、头疼、眼涩、四肢无力、关节不畅，喝上四五口，其功效与醍醐、甘露不相上下。

《茶经》还讲述了几则故事：

《宋录》：“新安王子鸾、豫章王子尚，诣昙济道人于八公山。道人设茶茗，子尚味之，曰：‘此甘露也，何言茶茗？’”（《七之事》）

大意是说，《宋录》记述：“新安王刘子鸾、豫章王刘子尚到八公山拜访昙济道人。道人用茶招待他们。刘子尚尝了尝茶说：‘这分明是甘露啊，怎么叫茶呢？’”

壶居士《食忌》：“苦茶久食，羽化；与韭同食，令人体重。”（《七之事》）

大意是说，壶居士《食忌》说：“长期饮茶，使人身体像羽毛一样轻盈；若将茶与韭菜一起吃，则会使人体重增加。”

（二）除去心理烦郁达至快乐

这同样是就茶的功能而言的。饮茶可以除困顿、去烦闷、解忧愁、助思考，最终达至快乐，也就是欣乐。《茶经》曰：

翼而飞，毛而走，呿而言，此三者俱生于天地间，饮啄以活，饮之时，义远矣哉！至若救渴，饮之以浆；蠲忧忿，饮之以酒；荡昏寐，饮之以茶。（《六之饮》）

大意是说，能用翅膀飞翔的禽类，有毛而奔走的兽类，开口能言语的人类，这三者都生于这世间，都是以喝水、吃东西维持生命存活下来的，可见饮的作用之大，意义之深远。同样是饮，人与禽兽是不一样的：人为了解渴，则喝水；为了消除烦闷忧愤，则饮酒；为了清除头昏困顿，就饮茶。

《茶经》引用了几则历史记载，论证饮茶至快乐的道理所在。比如：

《神农食经》：“茶茗久服，令人有力、悦志。”（《七之事》）

大意讲的是，《神农食经》说：“长时期饮用茶，可以让人精神振奋，心情愉悦。”

刘琨《与兄子南兖州刺史演书》云：“前得安州干姜一斤、桂一斤、黄芩一斤，皆所须也。吾体中愦闷，常仰真茶，汝可置之。”（《七之事》）

大意讲的是，刘琨在《与兄子南兖州刺史演书》信里说："以前得到一斤安州干姜、一斤桂、一斤黄芩，这些都正是我需要的。我现在心情烦乱，常常饮用真正的好茶来解除心头的烦闷，你要多购买一点给我。"

华佗《食论》："苦荼久食，益意思。"（《七之事》）

大意讲的是，华佗《食论》说："长期饮茶，有助于思考。"

王微《杂诗》："寂寂掩高阁，寥寥空广厦。待君竟不归，收领今就槚。"（《七之事》）

王微《杂诗》大意是："静悄悄地关上高阁的门，空荡荡的大厦冷冷清清。迟迟等不到您的归来，失望惆怅的我只有饮茶解忧怀。"

《桐君录》："西阳、武昌、庐江、晋陵好茗，皆东人作清茗。茗有饽，饮之宜人。凡可饮之物，皆多取其叶，天门冬、菝葜取根，皆益人。又巴东别有真茗茶，煎饮令人不眠。俗中多煮檀叶并大皂李作茶，并冷。又南方有瓜芦木，亦似茗，至苦涩，取为屑茶饮，亦可通夜不眠。煮盐人但资此饮，而交、广最重，客来先设，乃加以香芼辈。"（《七之事》）

大意说的是，《桐君录》说："西阳郡、武昌郡、庐江郡、晋陵郡等地的人喜欢饮茶，有客人时主人家都会准备好清美的茶。茶有沫饽，喝了对人有好处。凡可作饮料的植物，大都是用它的叶，而天门冬、菝葜却是用其根，也对人有好处。另外，巴东地区有真茶，喝过之后会兴奋得一点睡意都没有。当地人习惯把檀叶和大皂李叶当茶叶来煮，两者都性冷。另外，南方有瓜芦树，它的叶大一点，也像茶，很苦很涩，捣成碎末后煮饮，也可以整夜不眠，煮盐的人全靠喝这解除疲劳。交州和广州的人很重视饮茶，客人来了，都会先用加了香料的鲜茶招待。”

（三）茶事本身就可以达至快乐

这种快乐，既有过程的快乐，也有结果的快乐；既有直接操作的快乐，也有一旁观赏的快乐。诸如此类，也就是雅乐。比如：

左思《娇女诗》：“吾家有娇女，皎皎颇白皙。小字为纨素，口齿自清历。有姊字蕙芳，眉目粲如画。驰骛翔园林，果下皆生摘。贪华风雨中，倏忽数百适。心为茶荈剧，吹嘘对鼎鬲。”（《七之事》）

西晋左思《娇女诗》大意讲：“我家有个娇惯的小女儿，长得很白皙。小名叫纨素，口齿伶俐。她姐姐叫蕙芳，眉目清秀，像画中美人。她们在园林里蹦蹦跳跳，一起嬉戏，还爬上树把未成熟的果子摘下来了。她们贪外面的美丽，能冒着风雨，跑出跑进上百次。看见煮茶心里就特别高兴，还对着茶炉吹气，加大火力。”

张孟阳《登成都楼诗》云：“……披林采秋橘，临江钓春鱼。黑子过龙醢，果馔逾蟹蝑。芳茶冠六清，溢味播九区。人生苟安乐，兹土聊可娱。”（《七之事》）

张孟阳《登成都楼诗》大意说：“秋天，人们在橘林中采摘着丰收的柑橘；春天，人们在江边把竿垂钓。果品胜过佳肴，鱼肉分外细嫩。四川的香茶在各种饮料中可称第一，它那美味在天下享有盛名。如果人生只是苟且地寻求安乐，那成都这个地方还是可以供人们尽情享乐的。”这里，张孟阳把品饮“芳茶冠六清，溢味播九区”的四川香茶，作为人生的一大乐事，陆羽是高度认同的。只是张孟阳认为不能苟且地寻求这样的安乐，这就是另外一回事了。

五、关于“和”

陆羽在《茶经》里，深刻揭示了茶道的“四大理念”，即“俭”“精”“雅”“乐”，将饮茶从生理需求升华到精神需求，从物质层次升华到精神层次。如果将这“四大理念”用一个字概括，就是“和”。

“和”是中国传统文化中被普遍接受和认同的人文精神，贯穿于中国传统文化发展全过程，积淀于各家各派思想理论体系之中，体现着中国传统文化的价值精髓。茶文化是一种介乎纯粹精神文明和纯粹物质文明之间的一种“中介文明”或“中介文化”。茶首先是以物质形式出现，以其实用价值发生作用的，但当它发展到一定时期，便注入了深刻的文化内容，产生了精神和社会作用。

陆羽在《茶经》中，充分反映了他的“天人合一”的理想追求。比如，《茶经》中有关制作风炉的“坎上巽下离于中”与“体均五行去百疾”，就是依据“天人合一”“阴阳调和”的哲学思想提出来的，表达了“和”的思想与方法。《茶经》对采茶的时间、煮茶的火候、茶汤的浓淡、水质的优劣、茶具的精简以及品茶环境的精辟论述，无一不体现出“和”的自然法则。因此，陆羽茶道的核心价值理念，归结到一点就是“和”。“和”意味着天和、地和、人和，意味着宇宙万物的有机统一，并因此产生天人合一的和谐之美。作为中国文化意识集中体现的“和”，不但囊括了“俭”“精”“雅”“乐”等全部意义，而且涉及天时、地利、人和诸多层面。在所有汉字中，再也找不到一个比“和”更能突出陆羽茶道内核、涵盖陆羽茶道范畴的字眼了。

具体说，茶是一种中正平和之物，煮茶品茗能使人的心情更加平和，茶的审美境界能消除人的烦恼。“和”是茶道实践主体的心灵感受。唐代裴汶在《茶述》中认为，茶“其性精清，其味浩洁，其用涤烦，其功致和”，并能“至其冲淡、简洁、高尚、雅清之韵致”。宋徽宗在《大观茶论》中说茶能“祛襟涤滞，致清导和”，“冲淡闲洁，韵高致静”。陆羽茶道中“和”的基本涵义，包括和谐、和敬、和美、和气、平和、温和、柔和、缓和等，其终极目标就是要通过以“和”为精神指引的茶事活动，创造一个人与自然、人与人之间以及人自身的和谐境界。“和”既是一种理想目标，更是一种实践途径。

陆羽茶道“和”的精神，也就是“俭”“精”“雅”“乐”的核心理念，在实践中表现在种茶、采茶、制茶、煮茶、饮茶等茶事活动中，通过一定的载体和基本范式表现出来的。对此，我们将在下一讲具体呈现。

第七讲

基本范式

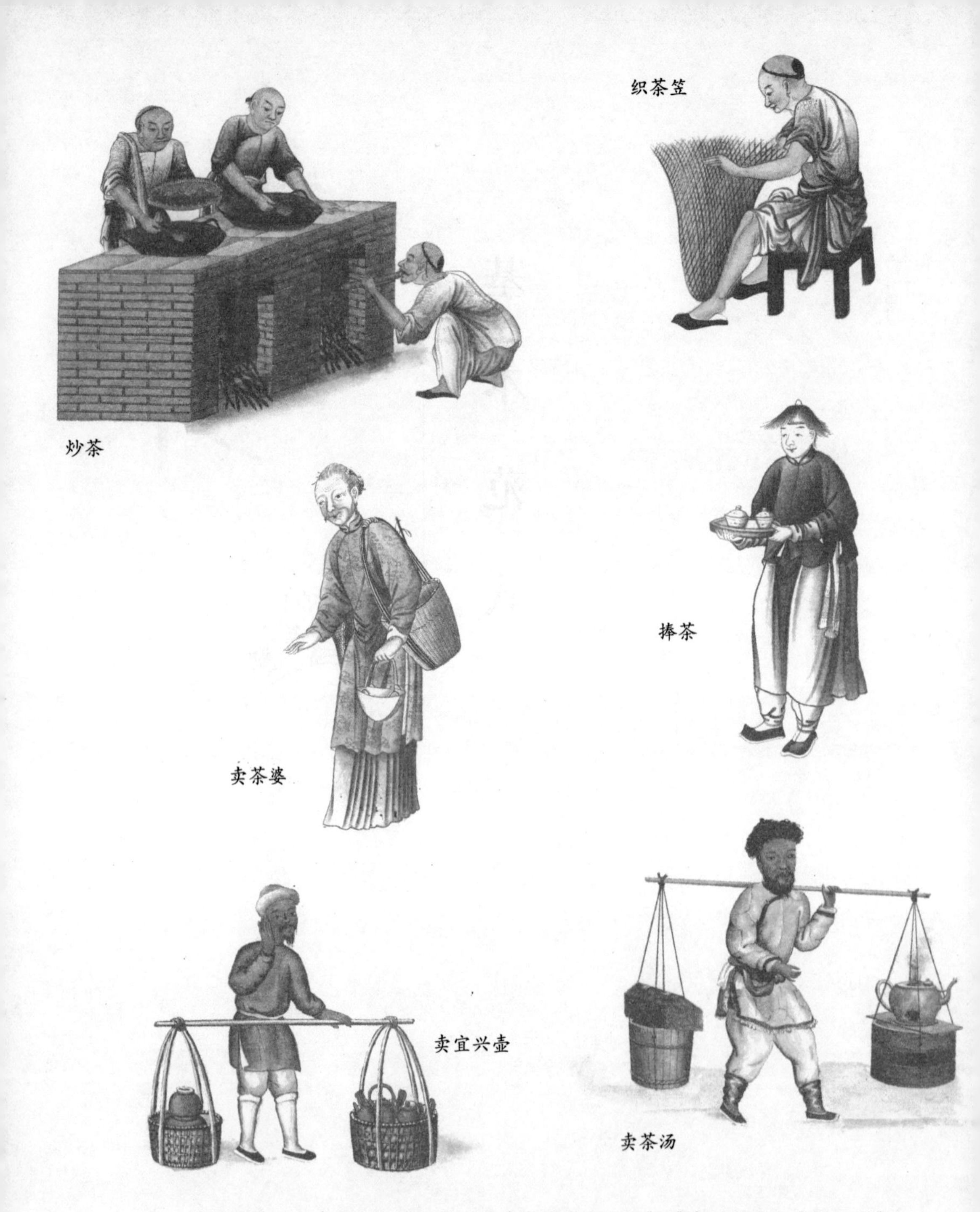

炒茶图等选自清末水粉外销画册《清末各样人物图》《清国京城市景风俗图》等。又，常见的清末民初《茶景全图》，共十二图式：栽茶、采茶、担茶、拣茶、晒茶、筛茶、熏茶、桄茶、食花、装茶、运茶、落船。

陆羽茶道核心价值理念，也就是“俭”“精”“雅”“乐”与“和”，是建立在茶事活动基础之上的，并通过一定的载体和基本范式表现出来。陆羽《茶经》从不同侧面、不同层次阐述了这种载体和基本范式，进而展示了陆羽茶道的核心价值理念。也就是说，陆羽茶道核心价值理念，蕴含在茶的起源及性状，包括其生、其形、其字、其名、其地、其用的论述之中；蕴含在十五种采制茶叶工具的描述之中；蕴含在采制方法的七道工序与八个等级质量的说明之中；蕴含在二十四个煮饮用具的介绍之中；蕴含在烹茶方法的说明及水质的品鉴之中；蕴含在“凡茶有九难”，即制好茶、选好茶、配好器、选好火、用好水、烤好茶、碾好茶、煮好茶、饮好茶的阐述之中；蕴含在上古至唐代茶事四十八则、征引书（篇）四十六种，包括茶的特性、产地、饮用、保健、药用、待客、倡廉、茶市、品茶、鉴赏、祭祀以及传说故事的讲述之中；蕴含在茶叶产地及优劣评价之中；蕴含在茶器的使用和工序省略的情形之中；蕴含在将采茶、加工、饮茶的过程描绘在绢素上、悬于室壁的要求之中。

在这一讲里，我们想着重讲一讲“凡茶有九难”中论及的载体和基本范式。《茶经》曰：

凡茶有九难：一曰造，二曰别，三曰器，四曰火，五曰水，六曰炙，七曰末，八曰煮，九曰饮。（《六之饮》）

大意是说，茶有九大困难：一是制作，二是鉴别，三是茶具，四是火力，五是水质，六是炙烤，七是碾末，八是煮茶，九是品饮。这里，就有一个“四大理念”（“俭”“精”“雅”“乐”）与“难”的关系问题。

一是“俭”与“难”的关系。“茶性俭”“茶事性俭”“茶人性俭”，核心价值理念是“俭”；而“凡茶有九难”，讲的是从制作到品饮的九大“难”，两者之间是什么关系呢？按照唯物辩证法的观点，“简俭”与“困难”是一对矛盾，既对立又统一，互相依存，互相转化，共同存在于一个统一体中。在茶事这个统一体中，一方面，“万物之始，大道至简，衍化至繁”（《老子》）。“大道至简”是指关于茶的大道理（即茶道，包括基本原理、基本方法、基本规律等）是极其简单的，简单到一两句话就能说明白；“衍化至繁”是指茶道经过衍化后变得复杂，这是一个由简到繁、由易到难的过程。另一方面，只要我们从纷繁复杂的茶事中，找到和掌握一些基本原理、基本方法、基本规律等，茶事也就变得简单容易了，这是一个由繁到简、由难到易的过程，正所谓“会者不难”。陆羽《茶经》所揭示的正是这些基本原理、基本方法、基本规律。

二是“精”“雅”与“难”的关系。从一定意义上讲，是目标与过程的关系、结果与努力的关系。“精”和“雅”是很高的目标追求、价值追求，不是轻而易举就能够实现的，需要付出艰苦的努力。具体说，茶叶从制作到品饮的整个过程，需要克服九重困难（“凡茶有九难”），才能到达“精”和“雅”的境界和高度，正所谓难点一经攻克，就成为亮点；一个个难点一经攻克，就成为一串串亮点，最终亮成一片，构成至精至雅的茶事。

三是“乐”与“难”的关系。快乐是人的需求得到满足，于是在生理、心理上表现出的一种反应，也就是感受良好时的情绪反应。快乐与苦难是并存的，也是可以相互转化的，这就是生活，这就是茶事。孟子说，“天将降大任于斯人也，必先苦其心志，劳其筋骨，饿其体肤，空乏其身，行拂乱其所为”。运用于茶事，就是要从制作到品饮的过程中达到快乐，就必须克服九重困难。而与困难作斗争，战胜困难本身就是一种快乐。

下面，我们就具体讲一讲“凡茶有九难”论及的陆羽茶道的载体和基本范式。

一、关于“造”

这里指茶的制作。陆羽在《茶经》中讲，茶叶“自采至于封，七经目”（《三之造》），即“采之，蒸之，捣之，拍之，焙之，穿之，封之，茶之干矣”。也就是说，茶叶从采摘到封装，一共有七道工序：采、蒸、捣、拍、焙、穿、封，这样茶叶既能保持干燥，也便于保存。

1. 关于“采”。《茶经》曰：

凡采茶，在二月、三月、四月之间。

茶之笋者，生烂石沃土，长四五寸，若薇蕨始抽，凌露采焉。茶之芽者，发于蘗薄之上，有三枝、四枝、五枝者，选其中枝颖拔者采焉。

其日，有雨不采，晴有云不采。晴，采之。（《三之造》）

大意说的是，采茶一般都在二月、三月、四月进行。肥厚壮实的芽叶如同嫩笋，生长在含有碎石的土壤中，长度有四至五寸，好像刚刚破土而出的嫩薇、蕨芽，清晨带着露水去采摘最好。细小的芽叶，多生长在草木丛中。一个枝条上有三、四、五个分枝的，选择其中叶片壮实茂盛的采摘。采摘要看天气，雨天不能采，晴天有云时也不能采，只有天气晴朗时才能采摘。接下来，要将采摘的芽叶进行蒸、捣、拍、焙、穿、封，这些都要在当天完成。《茶经》指出，“采不时，造不精，杂以卉莽，饮之成疾”（《一之源》）。就是说，如果茶叶采摘的时机不对，或茶叶的制作不够精良，里面掺有野草败叶等杂质，饮用后便会生病。

2. 关于“蒸”。对于蒸茶的要求，如时间、火候、方法等，《茶经》没有作专门说明，只是在讲到蒸茶的工具“甑”时，涉及了蒸茶的一些要求：

甑：或木或瓦，匪腰而泥。篮以箅之，篾以系之。始其蒸也，入乎箅；既其熟也，出乎箅。釜涸，注于甑中，又以榖木枝三亚者制之，散所蒸芽笋并叶，畏流其膏。（《二之具》）

大意是说，甑是用木头或陶土制成的，腰部用泥封好的容器。甑里面有蒸箅，并用细竹片系牢。蒸茶时，将芽叶放到蒸箅上；蒸熟后，就把茶叶从蒸箅上倒出。锅里的水煮干了，可以往甑中加水。同时用三杈形的榖木翻拌、摊凉蒸好的芽叶，以防止茶汁流失。

3. 关于“捣”。《茶经》曰：

其始，若茶之至嫩者，蒸罢热捣，叶烂而芽笋存焉。假以力者，持千钧杵亦不之烂，如漆科珠，壮士接之，不能驻其指。及就，则似无禳骨也。炙之，则其节若倪倪如婴儿之臂耳。（《五之煮》）

大意说的是，开始煮茶时，如果是嫩茶叶，蒸后要趁热捣烂，但嫩叶捣烂了，而茶叶的芽头还是完整的。如果只用蛮力，即使用千钧重的杵也捣不烂。这就如同漆树子粒，小而光滑，再有力的人也不能轻易抓到它。这些捣不烂的小芽尖，犹如无肉无骨一样，烘烤起来，柔软细弱得像婴儿的手臂。

4. 关于“拍”。对于拍茶的要求，《茶经》没有作专门说明，可能是因为工艺比较简单吧！《茶经》提到：

以襜置承上，又以规置襜上，以造茶也。茶成，举而易之。（《二之具》）

大意是说，将“襜”放在“承”上，再将“规”放在“襜”上，即可用来压紧制造饼茶了。茶饼压好后取出来，继续压制下一块茶饼。这个过程，就是所谓“拍”了。

5. 关于“焙”。在《六、关于“炙”》中，有具体说明。

6. 关于“穿”。对于穿茶的要求，《茶经》也没有作专门说明，原因可能与拍茶一样吧！但《茶经》对于如何制“穿”和多少为一“穿”作了详细介绍：

穿：江东、淮南剖竹为之，巴川、峡山纫榖皮为之。江东以一斤为上穿，半斤为中穿，四两、五两为小穿。峡中以一百二十片为上穿，八十片为中穿，五十片为小穿。（《二之具》）

大意是说，穿：江东、淮南地区用竹篾编成；巴山、峡川用榖树皮做成，用来贯串制好的茶饼。江东把穿成一斤的茶叶称为“上穿”，穿成半斤的茶叶称为“中穿”，穿成四两、五两（十六两制）的茶叶称为“下穿”。峡中地区则称穿成一百二十片的为“上穿”，穿成八十片的为“中穿”，穿成五十片的为“小穿”。

7. 关于“封”。《茶经》曰：

既而，承热用纸囊贮之，精华之气无所散越。（《五之煮》）

大意说的是，茶烤好后，趁热用纸袋装起来，使它的香气不致散发。《茶经》对包装和贮存茶的纸和纸袋还有具体要求：

纸囊：以剡藤纸白厚者夹缝之，以贮所炙茶，使不泄其香也。（《四之器》）

大意说的是，纸袋：用两层又白又厚的剡藤纸做成，用来贮放烤好的茶，使香气不易散失。

二、关于“别”

指的是鉴别。《茶经》开篇就指出，茶的品质差异是很大的，以此说明鉴别的重要性：

茶为累也，亦犹人参。上者生上党，中者生百济、新罗，下者生高丽。有生泽州、易州、幽州、檀州者，为药无效，况非此者！设服荠苨，使六疾不瘳。知人参为累，则茶累尽矣。（《一之源》）

陆羽用类比的方法，指出茶的品质差异是很大的，对人体健康的作用就像人参一样。上党出产的人参品质最好，百济、新罗出产的人参品质居中，高丽出产的人参品质较差。而泽州、易州、幽州、檀州等地出产的人参，则完全没有什么药用效果，更何况还有比它们更次的呢！如同服用了类似人参的荠苨，对疾病根本就没有治愈的作用一样。明白了劣质人参的危害，饮用劣质茶的危害也就不言而喻了。也就是说，必须学会鉴别茶叶的品质。那么，究竟应当如何鉴别呢？

从成茶的形状上看，《茶经》讲“自胡靴至于霜荷，八等”（《三之造》），也就是从类似胡人靴子的皱缩状到类似经霜荷叶的衰萎状，共有八个等级。具体说：

茶有千万状，卤莽而言，如胡人靴者，蹙缩然；犎牛臆者，廉襜然；浮云出山者，轮囷然；轻飙拂水者，涵澹然；有如陶家之子，罗膏土以水澄泚之；又如新治地者，遇暴雨流潦之所经。此皆茶之精腴。有如竹箨者，枝干坚实，艰于蒸捣，故其形籭簁然；有如霜荷者，茎叶凋沮，易其状貌，故厥状委悴然，此皆茶之瘠老者也。

或以光黑平正言嘉者，斯鉴之下也；以皱黄坳垤言嘉者，鉴之次也；若皆言嘉及皆言不嘉者，鉴之上也。何者？出膏者光，含膏者皱；宿制者则黑，日成者则黄；蒸压则平正，纵之则坳垤，此茶与草木叶一也。（《三之造》）

这两段话的大意是，饼茶的形状千姿百态，粗略地说，有的像胡人的皮靴，紧皱蜷缩；有的像野牛的胸骨，细长齐整有细微的褶痕；有的像在山头缭绕的白云，团团盘曲；有的像轻风拂水，微波涟漪；有的像陶匠筛出的细土，再用水沉淀出的泥膏那么光滑润泽；有的又像新整的土地，被暴雨急流冲刷而高低不平。这些都是茶中精品。有的形如笋壳，枝梗坚硬，很难蒸捣，状如箩筛；有的像霜打的荷叶，凋零败坏，变了形状，呈现出衰萎的样子。这些都是粗老、劣质的茶叶。对于成茶，有的人把光亮、色深、平整作为好茶的标志，这是鉴别茶叶的低级方法。把皱缩、黄色、凸凹不平作为好茶的特征，这是次等的鉴别方法。若既能指出茶的佳处，又能道出不好处，才是最会鉴别茶的。为什么呢？因为析出了茶汁的就光亮，含着茶汁的就皱缩；过了夜制成的色黑，当天制成的色黄；蒸后压得紧的就平整，任其自然的就凸凹不平。这是茶和草木叶子共同的特点。

《茶经》特别举例说明，“嚼味嗅香，非别也”（《六之饮》），也就是用咀嚼的方法识别味道，以嗅闻的方法辨别香气，这不是识别的正确方法。《茶经》还讲，“茶之否臧，存于口诀”（《三之造》），也就是说，茶叶品质是好是坏，是有一套鉴别口诀的。但鉴别口诀是什么？是不是前面的“八等”之说，陆羽没有讲明。如果不是，那么，鉴别茶叶的口诀，可能只存在于陆羽的大脑和当时茶人的口口相传之中了。

上面是就成茶的形状来讲的，而追根溯源，从其生、其形、其质、其地来看，《茶经》曰：

上者生烂石，中者生栎壤，下者生黄土。

野者上，园者次；阳崖阴林，紫者上，绿者次；笋者上，芽者次；叶卷上，叶舒次。阴山坡谷者，不堪采掇，性凝滞，结瘕疾。（《一之源》）

大意是说，上好的茶叶是生长在岩石充分风化的土壤上的，中等的茶叶是生长在含有碎石子的砂质土壤上的，比较差的茶叶是生长在黄土上的。茶叶的品质，以山野自然生长的为好，在园圃栽种的较次。在向阳面山坡上的林荫下生长的茶树，芽叶呈紫色的为好，绿色的差些；芽叶以节间长、外形细长如笋的为好，芽叶细短的较次。叶芽卷曲的为好，叶芽舒展平直的较次。在背阴面山坡或深谷中生长的不宜采摘，因为这种茶叶的茶性凝结不散，如果喝了它，会使人腹胀。

再进一步追溯，从茶叶的产地看，《茶经》曰：

山南：以峡州上，襄州、荆州次，衡州下，金州、梁州又下。

淮南：以光州上，义阳郡、舒州次，寿州下，蕲州、黄州又下。

浙西：以湖州上，常州次，宣州、杭州、睦州、歙州下，润州、苏州又下。

剑南：以彭州上，绵州、蜀州次，邛州次，雅州、泸州下，眉州、汉州又下。

浙东：以越州上，明州、婺州次，台州下。

黔中：生恩州、播州、费州、夷州。

江南：生鄂州、袁州、吉州。

岭南：生福州、建州、韶州、象州。其恩、播、费、夷、鄂、袁、吉、福、建、韶、象十一州未详，往往得之，其味极佳。（《八之出》）

这就对唐朝八道四十三州，涉及今天的湖北、陕西、河南、四川、重庆、湖南、江西、安徽、江苏、浙江、福建、广东、广西、贵州等十四个省区市茶叶的品质，作出了权威性评价。

三、关于“器”

这里指的是茶具。《茶经·四之器》专门用一章讲解了茶具，多达二十四种，对每一种茶具的用途、形状、材质、规格、制作方法以及特殊要求等，都作出了详细说明，构成了茶具的标准体系。《茶经》特别讲到了“膻鼎腥瓯，非器也”（《六之饮》），涉及了“鼎”“瓯”二器。在这里，我们就把《茶经》是如何介绍这两种器具的，呈现给大家。

关于“鼎”，《茶经》曰：

鍑（fù）（音辅，或作釜，或作鬴）：鍑，以生铁为之。今人有业冶者，所谓急铁，其铁以耕刀之趄（qiè）[9]炼而铸之。内摸土而外摸沙。土滑于内，易其摩涤；沙涩于外，吸其炎焰。方其耳，以正令也；广其缘，以务远也；长其脐，以守中也。脐长，则沸中；沸中，则末易扬；末易扬，则其味淳也。洪州[10]以瓷为之，莱州[11]以石为之，瓷与石皆雅器也，性非坚实，难可持久。用银为之，至洁，但涉于侈丽。雅则雅矣，洁亦洁矣，若用之恒，而卒归于铁也。

大意是说，鍑（音辅，或作釜，或作鬴）：鍑，用生铁做成。“生铁”即现在以冶铁为生的人所说的“急铁”，这种铁是用坏了的耕刀炼铸的。铸锅时，在内面抹上泥，外面抹沙土。内面抹上泥，锅面光滑，容易磨洗；外面抹上沙，表面和锅底粗糙，容易吸热。锅耳成方形，让锅身端正；锅边要宽，好伸展开；锅脐要长，使水能集中在锅的中心。锅脐长，水就在锅的中心沸腾；这样，茶末就容易上浮；茶末上浮，茶的味道就更加甘醇了。洪州人用瓷器做锅，莱州人用石材做锅，瓷锅和石锅都是雅致好看的器皿，但不坚固，不耐用。用银做锅，非常清洁，但不免过于奢侈了。雅致固然雅致，清洁确实清洁，但从耐久实用看，还是以铁制的为最好。

关于“瓯”，《茶经》曰：

碗，越州上，鼎州次，婺州次，岳州次，寿州、洪州次。或者以邢州处越州上，殊为不然。若邢瓷类银，越瓷类玉，邢不如越一也；若邢瓷类雪，则越瓷类冰，邢不如越二也；邢瓷白而茶色丹，越瓷青而茶色绿，邢不如越三也。晋杜育《荈赋》所谓：“器择陶拣，出自东瓯。”瓯，越也。瓯，越州上，口唇不卷，底卷而浅，受半升已下。越州瓷、岳瓷皆青，青则益茶，茶作白红之色。邢州瓷白，茶色红；寿州瓷黄，茶色紫；洪州瓷褐，茶色黑。悉不宜茶。（《四之器》）

大意是说，碗：越州产的品质最好，鼎州、婺州的差些，又岳州的好，寿州、洪州的差些。有人认为邢州产的比越州好，（我认为）完全不是这样。如果说邢州瓷质地像银，那么越州瓷就像玉，这是邢瓷不如越瓷的第一点；如果说邢瓷像雪，那么越瓷就像冰，这是邢瓷不如越瓷的第二点；邢瓷白而使茶汤呈红色，越瓷青而使茶汤呈绿色，这是邢瓷不如越瓷的第三点。晋代杜育《荈赋》说的“器择陶拣，出自东瓯”（挑拣陶瓷器皿，好的出自东瓯）。瓯

（地名），就是越州，瓯（容器名，形似瓦盆），越州产的最好，口不卷边，底卷边而浅，容积不超过半升。越州瓷、岳州瓷都是青色，能增进茶的水色，使茶汤现出红白色，邢州瓷白，茶汤是红色；寿州瓷黄，茶汤呈紫色；洪州瓷褐，茶汤呈黑色，这些都不适合盛茶。

这是关于“鼎”和“瓯”的一般要求，还有特殊要求，比如，不能用沾有腥膻气的锅和碗来煮茶和装茶，否则就容易串味，破坏茶的清幽雅致，影响茶的味道。对其他二十二种茶具，也有具体的要求，这里就不一一列举。

四、关于“火”

这里指的是火力。烤茶和煮茶都需要燃料，也就是“火”。用什么样的燃料为好呢？在燃料上又有什么禁忌呢？《茶经》曰：

其火，用炭，次用劲薪。其炭曾经燔炙，为膻腻所及，及膏木败器不用之。古人有劳薪之味，信哉！（《五之煮》）

膏薪庖炭，非火也。（《六之饮》）

大意是说，烤茶时，用木炭取火最好，其次用硬柴，如桑、槐、桐、枥之类的木柴。曾经烤过肉的木炭，沾染上了腥膻油腻的气味，或是有油汁析出的木柴、朽坏的木器，都不能用来烤茶。（膏木，如柏、松、桧树。败器，即腐朽木器。）古人有“用朽坏的木器烧煮食物会有怪味”的说法，确实如此。陆羽反复强调，用生油烟的柴和烤过肉的炭来烤茶、煮茶，这并不是理想的燃料。

五、关于“水”

这里指的是水质。《茶经》曰：

其水，用山水上，江水中，井水下。其山水，拣乳泉、石池漫流者上。其瀑涌湍漱，勿食之。久食，令人有颈疾。又多别流于山谷者，澄浸不泄，自火天至霜郊以前，或潜龙蓄毒于其间，饮者可决之，以流其恶，使新泉涓涓然，酌之。其江水，取去人远者，井，取汲多者。（《五之煮》）

飞湍壅潦，非水也。（《六之饮》）

大意是说，煮茶的水，以山泉水为最好，其次是江水，井水最差。山泉水，最好取用乳泉、石池等流动缓慢的水；瀑布、涌泉之内奔流湍急的水不要饮用，长期饮用这种水会使人颈部生病。数支溪流汇合，蓄于山谷中的水，虽然清澈澄净，但因一直不流动，从酷暑到霜降期间，也许有污秽的东西和毒素潜藏在里面，取用时要先挖一处决口，使污水流出，同时新的泉水涓涓流入，这时的水才能汲取饮用。取用江河的水，要到距离人群远的地方去取，井水则要在有很多人打水的井中汲取。陆羽特别指出，用流动很急或停滞不流的水来烧茶，这不是适当的水。

六、关于“炙”

这里指的是烤茶。《茶经》曰：

凡炙茶，慎勿于风烬间炙，熛焰如钻，使炎凉不均。持以逼火，屡其翻正，候炮出培塿，状虾蟆背，然后去火五寸。卷而舒，则本其始又炙之。若火干者，以气熟止；日干者，以柔止。（《五之煮》）

外熟内生，非炙也。（《六之饮》）

大意是说，烤茶时，注意不要在通风的火上烤，因为飘忽不定的火苗像钻子，使茶受热不均匀。要将饼茶靠近火，不停地翻动，等到茶叶被烤出像蛤蟆背上的小疙瘩时，移到离火有五寸的地方。当卷曲的茶又伸展开或者松散，再按先前的办法烤。如果饼茶是用火烘干的，烤到水汽蒸完为止；如果饼茶是晒干的，则烤到柔软为止。陆羽特别指出，把茶烤得外面熟里面生，这不是合适的炙烤方法。

七、关于“末”

这里指的是碾末。《茶经》曰：

候寒末之。（末之上者，其屑如细米。）（《五之煮》）

碧粉缥尘，非末也。（《六之饮》）

大意是说，茶烤好了以后，等冷了再碾成末。碾得好的茶末，就像细米粒一样精细。把茶捣得太细，变成了绿色的粉末，则是捣碎和碾末不当。

八、关于“煮”

这里指的是煮茶。《茶经》曰：

其沸，如鱼目，微有声，为一沸；缘边如涌泉连珠，为二沸；腾波鼓浪，为三沸。已上水老，不可食也。初沸，则水合量调之以盐味，谓弃其啜余，无乃䀋槛而钟其一味乎！第二沸，出水一瓢，以笑环激汤心，则量末当中心而下。有顷，势若奔涛溅沫，以所出水止之，而育其华也。（《五之煮》）

操艰搅遽，非煮也。（《六之饮》）

大意是说，煮水时，如果水泡像鱼眼，有轻微的声响，此时被称为“一沸”。锅的边缘有如涌泉般水泡连珠，被称为“二沸”。水在锅中翻腾如浪，被称为“三沸”。这时候再继续煮，水就老了，不宜饮用。水刚开始沸腾时，按照水量放适当的盐调味，倒掉尝味剩余的水。切莫因无味而加入过多的盐，要不然，就成了钟爱盐水的味道了！第二沸时，舀出一瓢水，用筴在水中搅动，用“则”取适量的茶末从沸水的中心倒入。一会儿，水沸如波涛翻滚，水沫飞溅，这时把刚才舀出的水倒入，使水不再沸腾，而育成茶的精华。陆羽还特别指出，动作不熟练或者搅动得太快，这不是会煮茶的表现。

九、关于“饮”

这里指的是品饮。《茶经》曰：

凡酌，置诸碗，令沫饽均。沫饽，汤之华也。华之薄者曰沫，厚者曰饽，轻细者曰花。如枣花漂漂然于环池之上；又如回潭曲渚，青萍之始生；又如晴天爽朗，有浮云鳞然。其沫者，若绿钱浮于水湄，又如菊英堕于樽俎之中。饽者，以滓煮之，及沸，则重华累沫，皤皤然若积雪耳。《荈赋》所谓"焕如积雪，烨若春藪"，有之。

第一煮水沸，而弃其沫之上有水膜如黑云母，饮之则其味不正。其第一者为隽永，或留熟以贮之，以备育华救沸之用。诸第一与第二、第三碗次之，第四、第五碗外，非渴甚莫之饮。

凡煮水一升，酌分五碗，乘热连饮之。以重浊凝其下，精英浮其上。如冷，则精英随气而竭，饮啜不消亦然矣。茶性俭，不宜广，广则其味黯澹。且如一满碗，啜半而味寡，况其广乎！

其色缃也，其馨欸也。其味甘，槚也；不甘而苦，荈也；啜苦咽甘，茶也。（《五之煮》）

夏兴冬废，非饮也。（《六之饮》）

这几段文字大意说的是，饮茶时，将茶到入碗中，要使"沫饽"尽量均匀。"沫饽"是茶汤的精华，薄的叫"沫"，厚的叫"饽"，轻微细小的叫"花"。"花"就像枣花落在池塘上缓缓漂动，又像曲折的潭水和绿洲上新生的浮萍，又像晴朗的天空中浮云飘过。"沫"好似水中青苔浮在岸边，又如同菊花纷纷落入杯中。"饽"是茶渣煮出来的，水沸腾时，"沫饽"不断生成积累，层层堆积如白雪一般。《荈赋》中说"明亮像积雪，灿烂如春花"，描绘的就是这番景象。

第一次煮沸的水，要把表面一层像黑色云母一样的水沫去掉，它会影响水的味道。从锅中舀出的第一碗水为"隽永"（隽永是指上好的东西。隽，味道；永，长久。隽永即指味道长久），茶汤贮存在“熟盂”中，用来止沸和育华。之后舀出的第一、第二、第三碗，味道略差些。第四、第五碗之后的茶汤，如果不是渴得太厉害，就不值得饮用了。

通常煮一升水的茶，分为五碗，（少则三碗，多则五碗，如果人数超过十个，就应该多加两炉茶。）茶应该趁热喝。这是因为杂质浊物沉淀在底下，而精华浮在上面，茶冷却后，精华就会随着热气挥发了，喝起来自然就不受用了。茶性俭，煮的时候水不宜多，水越多，味道就越淡薄。如同一满碗茶，喝了一半，味道就觉得差些了，何况水加多了呢！

茶的汤色浅黄，茶香四溢。品其味道甘甜的是“槚”，不甜而苦的是“荈”；入口时略带苦味，咽下去又有回甘的是“茶”。

陆羽特别指出，夏天才喝茶而冬天不喝，这是不懂得饮茶的表现。

关于品饮，陆羽更是在《茶经·六之饮》作了专门论述，从具体如何“饮”茶，到抽象的“饮”的意义、“饮”的风气和习惯：

翼而飞，毛而走，呿而言，此三者俱生于天地间，饮啄以活，饮之时，义远矣哉！至若救渴，饮之以浆；蠲忧忿，饮之以酒；荡昏寐，饮之以茶。

茶之为饮，发乎神农氏，闻于鲁周公，齐有晏婴，汉有扬雄、司马相如，吴有韦曜，晋有刘琨、张载、远祖纳、谢安、左思之徒，皆饮焉。滂时浸俗，盛于国朝，两都并荆渝间，以为比屋之饮。

饮有粗茶、散茶、末茶、饼茶者，乃斫、乃熬、乃炀、乃舂，贮于瓶缶之中，以汤沃焉，谓之痷茶。或用葱、姜、枣、橘皮、茱萸、薄荷之等，煮之百沸，或扬令滑，或煮去沫，斯沟渠间弃水耳，而习俗不已。

夫珍鲜馥烈者，其碗数三；次之者，碗数五。若座客数至五，行三碗；至七，行五碗；若六人已下，不约碗数，但阙一人而已，其隽永补所阙人。（《六之饮》）

大意是说，能用翅膀飞翔的禽类，有毛而奔走的兽类，开口能言语的人类，这三者都生于这世间，都是以喝水、吃东西维持生命存活下来。可见饮的作用之大，意义之深远。人为了解渴，则喝水；为了消除烦闷忧愤，则饮酒；为了清除头昏困顿，就饮茶。

茶作为一种可以饮用的东西，从神农氏开始，到周公旦记载下来，才得以流传而为大家所知。春秋时齐国的晏婴，汉代的扬雄、司马相如，三国时吴国的韦曜，晋代的刘琨、张载、陆纳、谢安、左思等人都喜欢饮茶。后来饮茶这一习惯广泛传开，渗入日常生活，逐渐成为一种习俗，并在我唐朝兴盛起来。在长安、洛阳两个都城以及荆州、渝州等地方，家家户户都饮茶。

茶的种类，有粗茶、散茶、末茶、饼茶等。要饮用饼茶时，分别用刀砍开、炒焙、烤干、捣碎、然后放到瓶缶中，用开水冲泡，这是浸泡的茶。有人把葱、姜、枣、橘皮、茱萸、薄荷等东西加进去，然后一直煮开，或者把茶汤扬起，令其润滑，或者煮好后把上面的“沫”去掉，这样煮出来的茶就好像倒到沟渠里的废水不能饮用，但是这种习惯至今还存在。

那些珍贵鲜美的茶，一炉只能做出三碗；稍差一点的，一炉可以做出五碗。如果在座的客人有五位，那么就可以舀出三碗分饮；如果有七位客人，那么就可以舀出五碗来喝；如果客人不到六位，那么就不用管碗数，只是按缺少一个人计算，可以用原先留出的最好的茶汤来补充。

这里，陆羽就如何分享“珍鲜馥烈”的茶，作出了详细说明，这无疑是陆羽茶道核心价值理念的具体化。

明代宣窑青花龙松茶杯。选自明代项元汴撰、（英）卜士礼译编《历代名瓷图谱》，1908年英国牛津中英文对照本。

拣茶图。选自清代外销水粉画《采茶·种茶·制茶·贸易图》，约18世纪绘制。

第八讲 传承发展

平民茶棚。选自清末申报馆编印《点石斋画报》的《帝城胜景》。图上为酒庐，中下为茶棚若干。

讲到陆羽茶道的传承和发展，就不能不讲到我们前面提及的茶学史上另一位重要人物——陆廷灿。同为陆氏一门，陆羽与陆廷灿好像没有什么血脉关系，如同《茶经》中提到的晋代的陆纳一样，陆羽称之为“远祖纳”，实为同姓而已，而非真正的远祖，但陆廷灿为弘扬陆羽茶道作出了重大贡献。

陆廷灿，字秋昭，自号幔亭，出生于江苏嘉定（今上海市嘉定区南翔镇）的一个好德乐施之家，从小就跟随司寇王文简、太宰宋荦求学，明理解人，深得吟诗作文的窍门，被录取为贡生，后被任为宿松教谕。撰有《续茶经》《艺菊志》《南村随笔》，并修订了《嘉定四先生集》《陶庵集》等。

《续茶经》一书写作于其崇安任上，编定于归田之后，从采集材料到撰录成册，前后不少于十七年的时间。陆廷灿热衷茶事，在公务之余潜心研究茶文化，将自己多年积累的从唐至清的有关茶事发展变化的资料，按照与《茶经》完全相同的目录，即茶之源、茶之具、茶之造等十个门类和体例，编撰了《续茶经》这本经典茶学著作，使从炎帝神农氏到清代的茶事记载成为一个整体，从中可以清晰地窥见我国茶文化的发展脉络。要知道，自唐至清，产茶之地、制茶之法以及烹茶之器具等都发生了巨大变化，《续茶经》虽不纯是陆廷灿自己撰写的有系统的著作，但是征引繁富（《续茶经》提到的文献资料多达七十余篇），便于聚观，颇为实用，是继陆羽《茶经》之后，茶书中资料最丰富且最具系统之作品：它排比有序，分类得当；搜集繁富，足资考定；保存遗佚，增广文献，并进行了考辨，虽名为“续”，实是一部完全独立的著述。《四库全书总目提要》称此书“一一订定补辑，颇切实用，其征引亦颇繁富”，当为公允之论。

陆廷灿本身就十分喜欢喝茶，与陆羽一样，也有茶仙之称。他自谓：“性嗜茶”。在《续茶经序》里也提到：“其先人所治陶圃，有林泉花木之胜，君徜徉其中，对寒花，啜苦茗，意甚乐之。”他的茶诗《武夷茶》写道：“桑苎家传旧有经，弹琴喜傍武夷君。轻涛松下烹溪月，含露梅边煮岭云。醒睡功资宵判牒，清神雅助昼论文。春雷催茁仙岩笋，雀舌龙团取次分。”

陆廷灿能写出《续茶经》，除了品茗有一定造诣外，与其任崇安县令有很大关系。陆廷灿说：“余性嗜茶，承乏崇安，适系武夷产茶之地。值制府满公，郑重进献，究悉源流，每以茶事下询，查阅诸书，于武夷之外，每多见闻，因思采集为《续茶经》之举。”崇安县（今武夷山市）自宋以来一向是著名的茶叶产地，所以产出的武夷茶闻名遐迩，清代以后，武夷山一带又不断改进茶叶采制工艺，创造出了以武夷岩茶为代表的乌龙茶。陆廷灿任崇安县令时，从政之余问及茶事，多次深入茶园茶农中间，掌握了采摘、蒸焙、试汤、候火之法，逐渐得其精义，并从查阅的书籍中获得了大量有关各种茶叶的知识，同时整理出大量的有关茶叶文稿，开始着手编撰《续茶经》。1720年任期满，他以治病为由回家休养，“曩以薄书鞅掌，有志未逮，及蒙量移，奉文赴部，以多病家居，翻阅旧稿，不忍委弃，爰为序次第。”十余年后的雍正十二年（1734），这本洋洋七万余字的《续茶经》终于面世。

时至今日，陆廷灿的《续茶经》影响依然很大，特别是对于我们学习研究博大精深的茶知识和自唐至清的茶文化发展，具有十分重要的意义。最近，我们学习了《续茶经》等茶学著作，力求探究陆羽茶道的传承发展的脉络和景象。在这里，我们从三个方面与大家分享。

一、中国茶道四大时期

（一）茶道形成时期——唐代

《茶经》记载，隋唐时茶叶多加工成饼茶。饮用时，加调味品烹煮汤饮。随着茶事的兴旺和贡茶的出现，加速了茶叶栽培和加工技术的发展，涌现出了许多名茶，品饮之法也有较大改进。为改善茶叶苦涩味，开始加入薄荷、盐、红枣调味。此外，开始使用专门的烹茶器具，饮茶的方式也发生了明显变化，由之前的粗放式转为细煎慢品式。

唐代中期，饮茶习俗蔚然成风，《茶经》说，“滂时浸俗，盛于国朝，两都并荆渝间，以为比屋之饮”（《六之饮》）。同时，对茶和水的选择、烹煮方式以及饮茶环境也越来越讲究。皇宫、寺院以及文人雅士之间盛行茶宴，茶宴的气氛庄重，环境雅致，礼节严格，且必用贡茶或高级茶叶，取水于名泉、清泉，选用名贵茶具。

盛唐茶道形成，其标志性事件就是陆羽著《茶经》。前面我们已经讲过，780年陆羽著成《茶经》出版，阐述了茶事、茶艺、茶道思想。“楚人陆鸿渐为《茶论》”“于是茶道大行”（《封氏闻见记·饮茶》）。以《茶经》为标志，中国茶道形成，陆羽成为茶道的开创者，这是一个方面。另一方面，这一时期，由于茶人辈出，使饮茶之道对水、茶、茶具、煎茶的追求达到一个极尽高雅、奢华的地步，以至于到了唐代后期和宋代，茶道中出现了一股奢靡之风，这与陆羽茶道“四大理念”，特别是“俭”的理念是背道而驰的。

（二）茶道兴盛时期——宋代

到了宋代，茶道发展深化，形成了特有的文化品位。宋太祖赵匡胤本身就喜爱饮茶，在宫中设立茶事机关，宫廷用茶已分等级。至于市井里，平民百姓搬家时，邻居要“献茶”；有客人来，要敬“元宝茶”；订婚时要“下茶”，结婚时要“定茶”。茶叶既是礼品，也是生活必需品。

在学术领域，由于茶业的南移，贡茶以建安北苑为最，茶学研究者倾向于研究建茶。在宋代茶叶著作中，著名的有陶穀的《茗荈录》、蔡襄的《茶录》、朱子安的《东溪试茶录》、黄儒的《品茶要录》、沈括的《本朝茶法》、赵佶的《大观茶论》等。

宋代是历史上茶饮活动极活跃的时代，也是中国茶道的黄金时代，由于南北饮茶文化的融合，开始出现茶馆文化。茶馆在南宋时称为茶肆，当时临安城的茶饮买卖昼夜不绝。此外，宋代的茶饮活动从贡茶开始，又衍生出“绣茶”“斗茶”“分茶”等娱乐方式。

（三）茶道持续发展时期——元明清时代

宋人让茶事成为一项兴旺的事业，但也让茶道走向了繁复、琐碎、奢侈，失却了茶道原本的朴实与清淡，失却了陆羽茶道的“俭”“精”“雅”“乐”，过于精细的茶道淹没了陆羽茶道的精神。自元代以后，茶道进入了曲折发展时期。直到明代中叶，汉人有感于前代民族之兴亡，加之开国之艰难，就在茶道上呈现出简约化和人与自然的契合，回归到陆羽茶道的思想观念、人文精神、道德规范。

此时，茶已出现蒸青、炒青、烘青等品类，茶的饮用已改成“撮泡法”。明代不少文人雅士留有传世之作，如唐伯虎的《烹茶画卷》《品茶图》等。茶叶种类增多，泡茶的技艺有别，茶具的款式、质地、花纹千姿百态。晚明到清初，精细的茶道再次出现，制茶、烹饮虽未回到宋人的烦琐，但茶风又趋向纤弱。

明清之际，茶馆发展极为迅速，有的全镇居民只有数千家，而茶馆可以达到百余家之多。店堂布留古朴雅致，喝茶的除了文人雅士，还有商人、手工业者等，茶馆也经营点心和饮食，还增设说书、演唱节目，成为民间的娱乐场所。

（四）茶道再现辉煌时期——当代

虽然茶道因陆羽而起、古已有之，但是它们在当代的复兴却始于20世纪80年代。中国台湾是现代茶艺、茶道的较早复兴之地。大陆方面，中华人民共和国成立后，我国茶叶产量发展很快。物资生产的进步、生活水平的提高，为茶道的发展提供了坚实的基础。

从20世纪90年代起，一批茶文化研究者著书立说，为当代茶文化的建立作出了积极贡献，比如：黄志根的《中华茶文化》、陈文华的《长江流域茶文化》、姚国坤的《茶文化概论》、余悦的《问俗》等，对茶文化学科的各个方面都进行了系统的研究。这些成果，为茶文化学科的确立和发展，也奠定了坚实的基础。

随着茶文化的兴起，各地茶文化组织、茶文化活动越来越多，有些著名茶叶产区所组织的茶文化活动逐渐形成规模化、品牌化、产业化，更加促进了茶文化的普及与流行。我们在前面讲过，陆羽故里、我们的家乡——湖北省天门市大力普及茶文化知识，推广品茶饮茶的风尚，把品茶饮茶、宣扬茶文化作为一种健康文明的生活方式，融入到大众的生活理念。在弘扬茶文化的基础上，同步大力发展茶产业链，努力打造集观赏茶基地、茶植物园、体验茶艺、茶生产、茶文化交流、茶产品交易、茶系列产品生产及加工于一体的“茶城”，已成为湖北省首个“茶文化旅游示范区”。

二、中国茶道四大流派

陆羽茶道“俭”“精”“雅”“乐”四大理念的丰富、完善、演化，并与不同的文化背景相结合，形成了中国茶道四大流派。贵族茶道生发于茶之品，核心理念是“精”，旨在夸示富贵；雅士茶道生发于茶之韵，核心理念是“雅”，旨在艺术欣赏；禅宗茶道生发于茶之德，核心理念是“精”与“乐”，旨在参禅悟道；世俗茶道生发于茶之味，核心理念是“俭”与“乐”，旨在享乐人生。当然，“俭”“精”“雅”“乐”四大理念是一个整体，我们之所以指出每一茶道流派的核心理念，是因为这些理念在特定的流派展现得更加充分、更加突出。

（一）贵族茶道

由贡茶演化为贵族茶道，达官贵人、富商大贾、豪门乡绅于茶、水、火、器，无不借权力和金钱求其极，很是违情背理，其用心在于炫耀权力和富有。贵族茶道到了明清，演化为潮闽工夫茶，发展至今，又日渐大众化。

茶虽为洁品，但当它的功能被人们所认识而被列为贡品，首先享用它的自然是皇帝、皇妃并推及皇室成员，再就是达官贵人。“小家碧玉”一朝选在“君王侧”，还能保持质朴纯洁吗？恐怕很难。这叫“近朱者赤，近墨者黑”。

说到贡茶，我们知道，茶列为贡品的记载较早见于晋代常璩著的《华阳国志·巴志》：周武王姬发联合当时居住川、陕一带的几个方国共同伐纣，得以凯旋。此后，巴蜀之地所产的茶叶便正式列为朝廷贡品。此事发生在公元前1135年，离今约有三千年之久。

列为贡品，从客观上讲是抬高了茶叶作为饮品的身价，推动了茶叶生产的大发展，刺激了茶叶的科学研究，形成了一大批名茶。中国封建社会是皇权社会，皇家的好恶很能影响全社会的习俗。贡茶制度确立了茶叶的“国饮地位”，也确立了中国是世界产茶大国、饮茶大国的地位，还确立了中国茶道的地位。

但茶一旦进入宫廷，也便失去了质朴的品格和济世活人的德行。贡茶的实施，坑苦了老百姓。为了贡茶，世人男废耕、女废织，夜不得息，昼不得停。茶之灵魂被扭曲，陆羽所创立的茶道生出一个畸形的贵族茶道。茶被装金饰银，脱尽了质朴；茶成了坑民之物，不再济世活人；达官贵人借茶显示等级秩序，夸示皇家气派，带来了茶的“异化”。

贵族们不仅讲“精茶”，也讲“真水”，为此，乾隆皇帝亲自参与“孰是天下第一泉”的争论，“称水法”一锤定音，钦定北京玉泉水为天下第一泉。为求“真水”，又不知耗费了多少民脂民膏。据唐代笔记小说集《芝田录》传，唐朝宰相李德裕爱用常州惠山井泉水煎茶，从常州设“铺递”快递这个井的水到长安，奔波数千里，劳民伤财。后因一云游和尚点化，李德裕才停止这个递水特供，“人不告劳，浮议弭焉”（《太平广记》卷三九九）。

贵族茶道的茶人是达官贵人、富商大贾、豪门乡绅之流，不必诗词歌赋、琴棋书画，但一要贵，有地位；二要富，有万贯家私，于茶之“四要”——“精茶、真水、活火、妙器”，无不求其“高品位”，用“权力”和“金钱”以达到夸示富贵之目的，似乎不如此便有损“皇权至上”，有负“金钱第一”。

贵族茶道虽有很多违情背理的地方，但因为有深刻的文化背景，这一茶道成为重要流派香火绵延，我们不得不承认其存在价值。作为茶道应有一定仪式或程序，贵族茶道走出宫门在较为广泛的上层社会流传，其富贵气主要体现在程序上。经过长时间的演化，成为源于明清至今仍在流传的闽潮工夫茶，贵族茶道慢慢趋于平民化。

（二）雅士茶道

中国古代的“士”和茶有着不解之缘。“士”有机会得到名茶，有条件品茗，是他们最先培养起对茶的感觉；茶助文思，又是他们最先体会到茶之神韵；也是他们雅化茶事，并创立了雅士茶道。受其影响，此后相继形成茶道各流派。可以说，没有中国古代的“士”，便无中国茶道。这里所说的“士”，是已谋取功名，捞得一官半职者，或官或吏。最低也是个拿一份工资的学差，而不是指范进一类中举就患神经病的腐儒、严监生一类为多了一根灯草而咽不下最后一口气的庸儒，那些笃实好学但又囊空如洗的寒士亦不在此之列。

中国的“士”就是知识分子，士在中国要有所作为就得“入仕”。荣登金榜则成龙成凤，名落孙山则如同草芥。当然不一定个个当进士举人，给个官儿做做，最起码的条件是先得温饱，方能吟诗作赋并参悟茶道。这便是中国封建时代的特点。

中国文人嗜茶，在魏晋之前不多，《茶经》及有关诗文中涉及茶事的汉有司马相如，晋有张载、左思、郭璞、杜育等，南北朝有鲍令晖、刘孝绰、陶弘景等，人数寥寥，且懂品饮者只三五人而已。但唐以后凡著名文人不嗜茶者几乎没有，不仅品饮，还咏之以诗。唐代写茶诗较多的是白居易、皮日休、杜牧，还有李白、杜甫、陆羽、卢仝、孟浩然、刘禹锡、陆龟蒙等；宋代写茶诗较多的是梅尧臣、苏轼、陆游，还有欧阳修、蔡襄、苏辙、黄庭坚、秦观、杨万里、范成大等。原因是魏晋之前文人多以酒为友，如魏晋名士“竹林七贤”，一个中山涛有八斗之量，刘伶更是拼命喝酒，“常乘鹿车，携一壶酒，使人荷锸而随之，谓曰‘死便埋我’。”（《晋书》卷四十九）唐以后知识界颇不赞同魏晋的所谓名士风度，一改狂放啸傲、栖隐山林、向道慕仙的文人作风，个个有“入世”之想，希望一展所学、留名千秋，文人作风变得冷静、务实，以茶代酒便蔚为时尚。这一转变有其深刻的社会原因和文化背景，是历史的发展把中国的文人推到这样的位置：担任茶道的主角。

中国文人颇能胜任这一角色：一则，他们多有一官半职，特别是在茶区任职的州县两级的官和吏，近水楼台先得月，因职务之便可大品名茶。贡茶以皇帝为先，事实上他们比皇帝还要先尝为快；二则，在品茗中培养了对茶的精细感觉，他们大多是品茶专家，既然“穷《春秋》，演《河图》，不如载茗一车”（《茶董》），茶中自有“黄金屋”，茶中自有“颜如玉”，当年为功名“头悬梁、锥刺股”的书生们而今全身心投入茶事中，所以，他们比别人更通晓茶艺，并在实践中不断改进茶艺，并著之以文传播茶艺；三则，茶助文思，有益于吟诗作赋。李白可以“斗酒诗百篇”，一般人做不到，喝得酩叮大醉，头脑发胀，手难握笔何以能诗？但茶却令人思涌神爽，笔下生花。正如元代贤相、诗人耶律楚材在《西域从王君玉乞茶因其韵（其七）》中所言：

啜罢江南一椀茶，枯肠历历走雷车。

黄金小碾飞琼屑，碧玉深瓯点雪芽。

笔阵陈兵诗思勇，睡魔卷甲梦魂赊。
精神爽逸无余事，卧看残阳补断霞。

茶助文思，兴起了品茶文学、品水文学，还有茶文、茶学、茶画、茶歌、茶戏等，又相辅相成，使饮茶升华为精神享受，并进而形成雅士茶道。

总之，雅士茶道是已成大气候的中国茶道流派。该茶道的茶人以古代的知识分子、"入仕"的士为主体，还包括未曾发迹的士，有一定文化艺术修养的名门闺秀、青楼歌伎、艺坛伶人等。对于饮茶，主要不图止渴、消食、提神，而在乎导引人之精神步入超凡脱俗的境界，于闲情雅致的品茗中悟出点什么。茶人之意在乎山水之间，在乎风月之间，在乎诗文之间，在乎名利之间，希望有所发现、有所寄托、有所忘怀。"雅"体现在品茗之趣、茶助诗兴、以茶会友、雅化茶事等。正因为文人的参与，才使茶艺成为一门艺术，成为文化。文人又将这门特殊的艺能与文化、与修养、与教化紧密结合从而形成雅士茶道。受其影响，又形成其他一些支派。所以从一定意义上说，中国的"士"创造了中国茶道，原因就在此。

（三）禅宗茶道

僧人饮茶历史悠久，《茶经》多有记载。陆羽本人与佛教有着不解之缘。年少时，陆羽就在竟陵龙盖寺跟随住持僧智积禅师习诵佛经，长达七年之久，虽然没有行剃度之礼，但也有"法海"的法号僧名。《自传》载，陆羽在"结庐于苕溪之滨"时，"闭关对书，不杂非类，名僧高士，谈宴永日”“往往独行野中，诵佛经，吟古诗，杖击林木，手弄流水，夷犹徘徊，自曙达暮，至日黑兴尽，号泣而归”；“洎至德初，秦人过江，子亦过江，与吴兴释皎然为缁素忘年之交”。因茶有“三德”（提神、消食、节欲），利于丛林修持，于是由“茶之德”生发出禅宗茶道。僧人种茶、制茶、饮茶并研制名茶，为中国茶学的发展、茶道的形成立下不世之功劳。

禅宗茶道的至理名言就是“茶禅一味”。茶是什么？诗云：“茶为涤烦子，酒为忘忧君。”（《御定全唐诗》卷四九四）饮茶不过两个动作：拿起、放下。人遇不快，喜欢借酒消愁，岂不知“借酒消愁愁更愁”。而在一盏茶的拿起与放下之间，却能看清几多人世间的分寸。它让人静心定思，心境纯澈，这便是茶。禅是什么？禅是一种基于“静”的行为，是禅宗的一种修行方式，通过凝神静坐，消除一切杂念妄想，获得一种智慧。当心灵变得博大，便能恬淡安静，犹如倒空了的茶杯，空灵无物。茶与禅的组合，总会让人感觉有点玄玄妙妙、高深莫测，似乎自己眼前的这杯茶好像也更“高端”了。

然而，什么才是“茶禅一味”呢？

中国是世界茶叶发源地，也是最大的茶叶生产国，两晋南北朝以来，茶以其清淡、虚静的本质，受到了念佛之人的青睐。而与佛文化相结合，反过来促进了茶叶的发展和制茶技术的进步，无形中提高了茶的地位。茶文化与佛教文化在漫长的历史发展中相互渗入、相互影响、相互融合，最终形成了一种新的文化形式，即茶禅文化，或曰禅宗茶道。

“茶禅一味”的禅宗茶道，是中国传统文化史上的一种独特现象，也是中国对世界文明的一大贡献。“茶”是物质的灵芽，“禅”是心悟，“一味”就是心与茶、心与心的相通。禅宗茶道离不开禅的关照感悟，也离不开茶的人生日用。禅宗茶道精神包括感恩、包容、分享、结缘等朴素的情感。

事实上，茶与禅宗的最初关系，是茶为修行之人提供了无可替代的饮料，茶十分利于禅定入静。后来，在茶事实践中，茶道与禅宗之间找到了越来越多思想内涵的共通之处。茶禅一味，其实就是通过品茶领悟生活，追求更高的精神层面的修为。

一曰“苦”。禅法求的是“苦海无边，回头是岸”。参禅就是要看破生死、达到大彻大悟，求得对“苦”的解脱。茶性也苦。陆羽在《茶经》中载：“茶之为用，味至寒”（《一之源》）、“啜苦咽甘，茶也”（《五之煮》）。从茶的苦后回甘、苦中有甘的特性，修行之人可以产生多种联想，帮助修习禅法的人在品茗时，品味人生，参破“苦谛”，这也是人生哲理。

二曰“静”。茶道把“静”作为主要修为，只有“静”下浮躁的、不安定的心，才能真正品出茶的味道、生活的味道。佛家主静，禅宗便是从“静”中创出来的，静坐静虑是历代禅师们参悟禅理的重要课程。在静坐静虑中，人难免疲劳发困，这时候，能提神益思克服睡意的茶，便成了禅者很好的“朋友”。

三曰“凡”。日本茶道宗师千利休曾说过：“须知道茶之本，不过是烧水点茶。”（《南方录》，转引自《日本茶道文化概论》

第二章）茶道的本质就是从琐碎的日常生活中去感悟人生哲理。禅也是要求人们通过静虑，从小事中去契悟大道。

四曰“放”。修行之人强调“放下”，即如近代高僧虚云所言：修行须放下一切方能入道，否则徒劳无益。品茶也强调“放”，放下手头工作，偷得浮生半日闲，放松一下自己紧绷的神经，放松一下自己被囚禁的真性情。

由此，我们就可以归纳“茶禅一味”的两层含义：一是本来就有。释迦牟尼在菩提树下觉悟，他说的第一句话是：奇哉，奇哉，奇哉，一切众生，个个具有如来智慧德相，只因妄想执着，不能证得，若离妄想，则无师智，自然智，一切显现。（《华严经》）这与六祖惠能的“直指人心，见性成佛”、王阳明的“致良知”其实都是一个意思，说的是只要离开妄想执着，就能恢复我们本有的智慧能力。而茶虽然有一千多种，但其实都是一片叶子而已。茶的汤色、滋味、香气有几十种之别，都是茶自身所带的，并不是外来的。高明的制茶师傅根据其特点，利用工艺的差别，将其特点充分发挥出来，成就一杯好茶。你能说，这不是禅吗？二是知行合一。中国的禅宗，是工夫与见地并重，注重身心行为的实证。茶是什么味道，要自己喝了才知道，别人是完全不能替代的。

作为新时代的茶人，怎么理解“茶禅一味”呢？我们来看法量大和尚与一位茶人的对话，或许会有豁然开朗之感。

茶人：师父，我是一个茶人，我自己做茶，也很喜欢喝茶。现在许多人都把“茶禅一味”“茶道”这些词语挂在嘴边，但实际上我们都不太理解，请师父为我们解说一下。

法量：唐宋时期，禅宗得到迅速发展，禅宗重视静坐息心，修禅之人在坐禅之余，通过喝茶来调节身体、解除疲乏、提振精神。所以，禅和茶就结合在了一起，这才有了“茶禅一味”的说法。

禅者喝茶要保持禅心，保持正念和正知去喝茶，才能叫作“茶禅一味”。我们有一句话叫作“搬柴运水无非是禅”，“禅”何止在禅堂里面？我们坐禅时是修行，喝茶时也是修行。煮水、泡茶、喝茶，时时刻刻都有禅心在，一举一动都保持着觉知。同时，自己还非常清楚地知道，这杯茶为什么要喝？是为了解渴解乏而喝。解渴解乏又是为了什么？是为了更好地将修行持续下去。在禅门里面，喝茶既是生活的习惯，也变成了一个参禅方法。

禅心就在生活中，你不要离开生活另外去找。在生活中，好好地用功、好好地参。禅心所在之处，就叫作道。泡茶的时候，喝茶的时候，自己的禅心没有离开，心始终是保持着这种觉知，这就是茶道。

茶人：师父讲的这个道，对我做茶很有启发，我觉得千万不要本末倒置，能够做好茶，能够喝到干净的茶固然好，但是千万不要忘了我们的来路是哪里，不要飘，不要跑偏。

法量：对，不要黏着任何事物。为什么不要黏着任何事物？因为你如实了知一切事物的缘起性。当你在做任何一件事的时候，观察它的缘起性，你的心就不在黏着状态，你的心是在解脱状态、超越状态。这种超越是来自于哪里？就是来自于如实的感知。

比如说茶，如果你认为这个是好茶，你认为它很贵，很香，很好喝，你认为它是真实的，你的心就产生了贪着。当你对他产生了贪着，你就失去了智慧，失去了对这个事物的如实观察的智慧。

这杯茶确实很香，很好喝，你也可以享受它。但你要知道这茶之所以香，是因为各种条件的因缘和合成就，土壤、空气、水源，成就了这一泡茶的独特性，加上好的器皿，加上制茶人的用心、泡茶人的用心，你知道这一切都是众缘和合而呈现的。如果离开了这众多因缘，这杯茶的香，这一刻的美，也就不复存在了。

你如实观察，你随喜赞叹。你随喜赞叹的是这种种的美好因缘，当你随喜这种因缘的时候，你的心是远离黏着的。这样的话，茶跟你的心是相应的。茶跟心相应的，这就是禅，就是"茶禅一味"。

也有人这样形容茶与禅：

遇水舍己而成茶饮，是为"布施"；

叶蕴茶香犹如戒香，是为"持戒"；

忍蒸炒酵受挤压揉，是为"忍辱"；

除懒去惰醒神益思，是为"精进"；

和敬清寂茶味一如，是为"禅定"；

行方便法济人无数，是为"智慧"。

其实，不论对"茶禅一味"的解读如何，茶总是极朴实的。有道是："七碗受至味，一壶得真趣。空持百千偈，不如吃茶去！"（赵朴初）

明代乐纯著《雪庵清史》，列居士"清课"，有"焚香、煮茗、习静、寻僧、奉佛、参禅、说妙法、作佛事、翻经、忏悔、放生……"，"煮茗"居第二，竟列于"奉佛""参禅"之前，这也足以证明"茶禅一味"的说法。

（四）世俗茶道

茶是雅物，亦是俗物。进入世俗社会，行于官场，染几分官气；行于江湖，染几分江湖气；行于商场，染几分铜臭气；行于情场，染几分脂粉气；行于社区，染几分市侩气；行于家庭，染几分小家子气。熏得几分人间烟火，焉能不带烟火气。这便是生发于茶之味，以享乐人生为宗旨的世俗茶道，其中大众化的部分发展前景十分看好。

茶入官场，与政治结缘，便演出一幕幕雄壮的、悲壮的、伟大的、渺小的、光明的、卑劣的历史活剧。比如，唐代，朝廷将茶沿丝绸之路输往海外诸国，借此打开外交局面，都城长安能成为世界大都会、政治经济文化中心，茶亦有一份功劳；文成公主和亲西藏，带去了香茶，此后，藏民饮茶成为习俗，此事传为美谈；唐文宗李昂太和年间，宰相王涯主持榷茶制，在具体实施过程中加重了人民负担，遭到人民的反对。后王涯因宫廷的一起事变被公开处决。“百姓观者怨王涯榷茶，或诟詈，或投瓦砾击之”（《资治通鉴》卷二四五）；明代，朝廷将茶输边易马，作为撒手锏，欲借此“以制番人之死命”（《明史》卷八十），茶成了明代一个重要的政治筹码；清代，左宗棠收复新疆，趁机输入湖茶，并作为一项固边的经济措施；等等。

茶是个灵物，随国家政治的举措而升沉起伏，辉煌过，也晦气过。宋仁宗庆历四年（1044），宋封元昊为夏国王，并每年给西夏银七万两、绢十五万匹、茶叶三万斤。（《邓广铭全集》第六卷）

宋朝国人将茶贡给朝廷，朝廷又将它贡给西夏，以取悦强敌，茶负载的不是友谊，而是对强权的屈服。

在清代，官场饮茶有特殊的程序和含义，有别于贵族茶道、雅士茶道、禅宗茶道。在隆重场合，如拜谒上司或长者，仆人献上的盖碗茶照例不能取饮，主客同然。若贸然取饮，便视为无礼。主人若端茶，意即下了“逐客令”，客人得马上告辞，这叫“端茶送客”；主人令仆人“换茶”，则表示留客，这叫“留茶”。（《茶文化通论》第十六章）

茶作为有特色的礼品，人情往来靠它，找门子搭桥铺路也靠它。机构重叠，人浮于事，为官为僚的，“一杯茶，一包烟，一张《参考》看半天”。茶通用于不同场合，成事也坏事，温情又势利，茶虽洁物亦难免落入染缸，常扮演尴尬角色。借茶行“邪道”，罪不在茶。

茶入商场，又是别样面目。在广州，请“吃早茶”是商业谈判的同义语，亦称“叹茶”。“一盅两件”，双方边饮边谈。隔着两缕袅袅升腾的水气打开了“商战”，看货叫板，讨价还价，暗中算计，价格厮杀，终于拍板成交，将茶一饮而尽，双方大快朵颐。如果没茶，这场商战便无色彩、便无诗意。只要吃得一杯早茶，纵然商战败北，但那茶香仍难让人忘怀。

茶入江湖，便添几分江湖气。江湖各帮各派有了是是非非，首先不是诉诸公堂，不是急着打个高低，而多少讲点江湖义气、规矩，请双方都信得过的人物出面调停仲裁，地点多在茶馆，名叫“吃讲茶”。这不为错，茶道里就有“致清导和”的说法。

茶入社区，趋向大众化、平民化，构成社区文化一大特色。如城市的茶馆就很世俗，我们接下来还要具体介绍。

三、中国茶馆四大系列

贵族茶道的平民化、雅士茶道的大众化、禅宗茶道的世俗化、世俗茶道的普及化，使明清之际茶馆大量涌现，出现了“茶馆热”，一直延续到当代。平民化、大众化、世俗化、普及化的茶馆，与居家（包括店铺等工作场所）饮茶相对应，集“俭”“精”“雅”“乐”四大理念为一体，带有深厚的世俗茶道色彩。几百年来，我国茶馆的发展，慢慢演化成为四大系列。

（一）北京茶，喝贵气文化

在皇城根下，任何东西都沾染着大气富贵。老舍茶馆泡了十多年的茶汤，与其他省份的茶楼相比，更显得雍容华贵。大红的灯笼挂成串，舞台上锣鼓震天，京剧唱罢，相声接台，直来直往。

《清稗类钞·饮食类·茶肆品茶》记载：

京师茶馆，列长案，茶叶与水之资，须分计之；有提壶以往者，可自备茶叶，出钱买水而已。汉人少涉足，八旗人士虽官至三四品，亦侧身其间，并提鸟笼，曳长裙，就广坐，作茗憩，与圉人走卒杂坐谈话，不以为忤也。然亦绝无权要中人之踪迹。

民国年间的北京茶馆融饮食、娱乐为一体，卖茶水兼供茶点，还有评书茶馆，说的多是《包公案》《雍正剑侠图》《三侠剑》

等，顾客过茶瘾又过书瘾；有京剧茶社，唱戏者有专业演员也有下海票友，过茶瘾又过戏瘾；有艺茶社，看杂耍，听相声、单弦，品品茶，乐一乐，笑一笑。

在这里，茶馆的一些服务员好为人师，说起茶文化就如数家珍，比如："喝绿茶要用玻璃杯、喝花茶要用盖碗、喝铁观音要用功夫茶具，丝毫含糊不得。"作为茶客，也乐意听一番妙趣横生的讲解。

（二）潮汕茶，喝工夫文化

潮汕的工夫茶名扬海内外，整个流程都非常讲究，有古法二十一式之说，包括泡茶的水、茶具、炭火等也很讲究精致。潮汕工夫茶的用水取自山泉，炭火选用榄核，然后用小扇煮开甜美甘醇的水，用来冲泡铁观音等茶，以十大香型的凤凰单丛为首选。

潮汕工夫茶的茶具是整套的精美工艺品，也有二十一器之说，茶缸、"孟臣罐"及三只薄如纸、声如磬、白如玉的小巧茶杯，还有茶叶罐和水盂配套，故潮汕人素有"茶三酒四"之说。至于斟茶"套路"更是讲究，整个斟茶的过程下来，应了"温壶烫杯，高冲低斟，淋盖刮沫，关公巡城，韩信点兵"的谚语，这样泡冲出来的茶，汤色如琥珀，味道香郁隽永。

2021年12月8日，岭南文化艺术促进基金会联合潮府工夫茶博物馆举办"潮府工夫茶文化展"，当天，网上话题阅读量超两千万次，可见关注度是何等之高！

（三）成都茶，喝平民文化

四川成都人喝的茶，才叫真正的“龙门阵，大碗茶”。成都人喝茶，不论茶的品质，也不论喝茶的环境，只是在大树荫处的茶棚底下，随便摆上桌子长板凳，就可以喝茶了，非常轻松惬意的平民生活。极讲究的是长嘴茶壶倒茶的技法，倒茶的样式多，门派也很多，有“峨嵋”“青城”，等等。

（四）杭州茶，喝精致文化

“青染湖山供慧眼，藤萦茗话契禅心”（张抗抗《守望西湖的青藤》）。西湖边上的青藤茶馆，已成为杭州上千家茶馆的代表。

青藤茶馆的建筑风格，是由中国美术学院设计的，木圈椅、红缎面，悠长吊兰从身边滑落。青藤茶馆惊艳的是随处可见的“天下之首”的东阳木雕，将“古色古香”发挥到极致。

坐在西子湖畔，让身穿青灰色长袍的“太极茶道”师沏好一壶茶，河坊街的吆喝声与店小二手上的长嘴壶一起一落相呼应，此时此景，茶不醉人人自醉。所以杭州的茶，喝的是精致文化。

甘露祖师像。选自刘喜海《三巴金石苑》，清代道光二十八年（1848）序来凤阁刻本。两边字为“形归露井灵光灿，手植仙茶瑞叶芬”，《舆地纪胜》等古籍传甘露大师（吴理真）为种茶的祖师。

陆羽烹茶图。选自明代喻政辑《茶书》（二十七种），万历四十一年（1613）刊本。传为唐寅原绘。

玖

第九讲

当代意义

侍茗消夏图。选自《诗中画》，清末画家马涛摹写编录，清光绪十一年石印刊本。图中字为“棹遣秃头奴子拨，茶教纤手侍儿煎”，原诗“窗间睡足休高枕，水畔闲来上小船。棹遣秃头奴子拨，茶教纤手侍儿煎。门前便是红尘地，林外无非赤日天。谁信好风清簟上，更无一事但翛然”（白居易《池上逐凉（其二）》），白居易描绘自己在炎夏追求清凉心。

文化是一个国家、一个民族的灵魂。文化兴则国运兴，文化强则民族强。没有高度的文化自信，没有文化的繁荣兴盛，就没有中华民族的伟大复兴。中国特色社会主义文化，重要源头是中华民族五千多年文明历史所孕育的中华优秀传统文化。在建设社会主义文化强国的征程中，我们要深入挖掘中华优秀传统文化蕴含的思想观念、人文精神、道德规范，并结合时代要求继承创新，让中华文化展现出永久魅力和时代风采。

陆羽茶道是中华优秀传统文化的瑰宝，其蕴含的思想观念、人文精神、道德规范，特别是“俭”“精”“雅”“乐”与“和”的理念，是中华优秀传统文化的精华。深入挖掘、忠实传承、大力弘扬陆羽茶道及其核心价值理念，对于我们坚定文化自信，推动文化繁荣兴盛，具有重大现实意义和深远历史意义。

前面，我们从“茶性俭”“茶事性茶”“茶人性俭”三个方面，简要介绍了陆羽茶道的核心价值理念之一——“俭”。接下来，我们将从“俭”之于品饮、“俭”之于生活、“俭”之于社会、“俭”之于政治等四个维度，来阐述这一核心价值理念的当代意义。我们觉得，如果把“俭”的当代意义弄明白了，“精”“雅”“乐”与“和”的当代意义也就不言而喻。

一、“俭”之于品饮

“俭”之于品饮，最根本的就是要回归茶的本来意义。“茶之为用，味至寒，为饮。”（《茶经·一之源》）就是说，茶的功效，就是饮品，并不复杂。茶与柴米油盐酱醋一道，俗称柴米油盐酱醋茶，是老百姓日常生活所必需的七样东西，也就是“开门七件事”。宋代吴自牧在《梦粱录》里讲：“盖人家每日不可阙者，柴米油盐酱醋茶。”元代武汉臣在《玉壶春》里讲：“早晨起来七件事，柴米油盐酱醋茶。”这就是说，开门七件事是老百姓每天为生活而奔波的七件事，从一“开门”，开始家庭一天正常运作之时，就都离不开这七件必需品。

开门七件事，全都与中国历史悠久的饮食文化有关。开门七件事之说，一般认为始于宋代。因为开门七件事最早出在宋人口语中，前面所说的吴自牧乃创“开门七件事”之人。米（即稻）在宋代是主要粮食。油指的是由芝麻、紫苏和大麻等榨成的油，因南宋时期手工业和商业的发展而普及。我国是世界上最早制盐的国家，宋代的井矿盐生产也首次采用钻头凿井的新工艺（卓筒井），宋元之际海盐生产已采用了晒盐法，由于产量的提高，基本解决了老百姓吃盐的问题。酱在宋代才明确地指酱油。在宋代以前的醋，仍不是生活必需品。茶在唐代以至北宋，乃是奢侈品，而且不常见。这也就是唐代的陆羽始终强调“茶性俭”，让茶走进寻常百姓家的原因。正是在陆羽的大力推动下，在《茶经》的广泛影响下，到了宋代，特别是南宋以后，茶逐渐成为普通家庭的生活必需品。

很多文人雅士的歌吟都以开门七件事为题，并流存民间。元代著作《湖海新闻夷坚续志》记载，曾有宋人用俗语云：“湖女艳，莫娇他，平日为人吃诡拏，乌龟犹自可，虔婆似那咤！早辰起来七般事，油盐酱豉姜椒茶，冬要绫罗夏要纱。君不见，湖州张八仔，卖了良田千万顷，而今却去钓虾蟆，两片骨臀不奈遮！”元杂剧《玉壶春》《度柳翠》《百花亭》等都有提及开门七件事，其中《刘行首》讲：“教你当家不当家，及至当家乱如麻；早起开门七件事，柴米油盐酱醋茶。”由此将当家者为生活辛苦劳碌的状态表现出来。明代唐伯虎借一首诗《除夕口占》点明了此“七件事”：“柴米油盐酱醋茶，般般都在别人家。岁暮清淡无一事，竹堂寺里看梅花。”清代康熙之时，号“莲坡”的举人查为仁著有《莲坡诗话》，其中记载了湖南湘潭人张灿的一首七绝：“书画琴棋诗酒花，当年件件不离他。而今七事都更变，柴米油盐酱醋茶。”

历史上，也有开门“八件事”之说。在吴自牧《梦粱录》中也曾提到“八件事”，所指的分别是：柴、米、油、盐、酒、酱、醋、茶。由于酒算不上生活必需品，到元代时就被剔除了，只余下“七件事”。我们揣摩，可能还有一个原因，就是同样作为饮品，在一些普通老百姓眼里，茶是节俭的代名词，寓意清高；而酒则是奢侈的代名词，寓意低俗。《新华成语词典》里，带“茶”字的成语多指节俭、清闲，如粗茶淡饭、清茶淡饭、茶余饭后、对花啜茶、家常茶饭等；而带“酒”字的成语，很多指奢侈、庸俗，如酒池肉林、酒地花天、酒绿灯红、酒囊饭袋、纵情酒色、酒肉朋友、酒色财气、酒色之徒、酒食地狱、酒食征逐等。

我们讲这些的目的，就是要还原茶本身的价值，也就是它的物质属性和文化属性。宋代以来的一千多年，在我国，茶主要是作为生活必需品而生产、制作和饮用的，博大精深的茶道是融于整个茶事之中并与时俱进的。只是到了当代，情况就发生了一些变化，特别是出现了一种“异化”现象，也就是对茶的物质属性和文化属性的异化。比如，为了追求暴利，有的大肆炒作茶的年份概念、产地概念、品种概念，于是出现了“年份茶”“山头茶”“特效茶”“特种茶”“品鉴茶”“送礼茶”等，以此哄抬茶价，甚至将一些年份、一些地方、一些类型的茶叶，每斤（或饼或盒）炒到几万元，甚至十几万元、几十万元。前些年全国炒作普洱茶就是一个例证。有的大搞虚假宣传，无限抬高自己，疯狂打压别人，以劣充好，以次充优，扰乱市场，乱中牟利。有的不是在茶的质量上下工夫、做文章，而是在包装上想心思、出怪招，通过豪华包装，将茶的价格成倍抬高，将负担转嫁给消费者。这些都是与陆羽所倡导的茶道背道而驰的，是完全违背俭德精神的，其结果是既损害了普通老百姓的切身利益，也影响了茶产业的健康发展。

在这件事情上，我们非常认同中国茶叶公司原总经理王贵卿的观点。王总讲：“柴米油盐酱醋茶，茶是一种民生商品，就那几片叶子，原材料加上工艺成本和合理利润，每斤只能卖几十元、几百元，要卖到几千上万，变成一种奢侈品，想自己喝的人谁去买？”王总带领厦茶团队，始终坚持“民生茶”“口粮茶”路线，在国内刮起“礼品茶”之风的那几年时间里，他们顶住压力，使其“民生茶”“口粮茶”产品成为国内茶叶市场里的“另类”，和价格虚高的“礼品茶”等相比，反差非常大。特别是他们花六年时间全力攻关、精心打造的“海堤香橼”系列，一举拿下了中粮集团“忠良最佳产品创新奖”，这是中粮集团体系内的“奥斯卡”大奖，“海堤香橼”系列是茶叶类中唯一获此殊荣的产品。对这个大奖的最好反馈，是继“海堤香橼”系列的首批产品成为市场爆款之后，“海堤香橼”升级版“海堤金砖”又一次变成奇货可居。茶叶终究是用来喝的，而不是用来送的。厦茶产品以其物美价廉成为市场低谷中一股清流，连续九年实现逆势增长，在国内茶叶市场一枝独秀。王总们的理念和行动，让茶回归到本来意义，既体现了国有企业的责任和担当，更体现了陆羽茶道的核心价值理念，也就是俭德精神，代表了中国茶叶的发展方向。

鉴于茶叶的功效，也就是对人身心两益，也鉴于“茶性俭”的特性，我们认为，一方面，要大力提倡品茗饮茶的良好风尚，让更多家庭、更多百姓形成品茗饮茶的良好习惯；另一方面，要大力发展茶产业，为人民群众提供更多价廉物美的茶产品，不断满足其品茗饮茶的基本需求。应该说，在这两个方面，我们都还有大量工作要做。

中国茶文化历史悠久，茶叶产量一直雄居世界第一，在大部分国人心中，我国人均茶叶消耗量也应该是世界第一才对。但是，中国茶叶流通协会发布的数据显示，2020年，世界人均茶叶消耗量排名中，中国内地没有进入前五名，与我们想象中的情景大相径庭。事实上，世界人均茶叶消耗量排名中，第一名是土耳其，人均每年消费茶叶3.2千克；第二名是利比亚，2.64千克；第三名是爱尔兰，

2.1千克；第四名是摩洛哥，2.09千克；第五名是中国香港，1.65千克；中国内地排第六位，1.64千克，只有土耳其的二分之一；第七名是不产茶的英国，1.61千克，与中国内地的水平差不多。全球茶叶产量达到62.69亿千克，中国内地茶叶产量达到29.86亿千克，人均茶叶产量只有2.1千克，除去出口，年人均茶叶消耗量也就只有目前这个水平。

对于这个排名，其实也不难理解。土耳其作为古代丝绸之路的终点，接受茶文化的历史很早，土耳其语中的“茶”读音就跟汉字相近。如今，茶文化已经在土耳其扎根，并且成为了整个国家的特色，无论在土耳其的什么地方，茶馆永远是不可或缺的存在。而说到爱尔兰和英国的茶文化，就不得不提到英式下午茶，这项传统活动在《傲慢与偏见》《唐顿庄园》等许多文艺作品中都有表现，使得英式下午茶作为贵族精致生活的重要体现刻在人们心中。中国茶叶传入英国是在17世纪，当时的英国人将这种来自遥远东方的神奇饮品当作贵族间炫耀的资本，而现在，茶文化已经是全民共赏的“俗”文化了。

中国人均茶叶消耗量没有想象的那么高，一个重要原因是，现在喜欢喝茶的大多都是中老年人，年轻人喝得多是咖啡。在城市，特别是广州、杭州、福州、成都之外的城市，想找一家咖啡厅很容易，但想找一家茶馆、茶室就比较难了，毕竟市场决定店铺数量。作为茶文化的故乡，国人一直以来将茶叶作为我们的特色产品，将茶道作为我们的民族骄傲，但现实状况实在不容乐观。不过，这也说明让茶叶走进家家户户任重道远，发展茶产业潜力巨大。试想，如果全国年人均茶叶消耗量达到土耳其的水平，我们的总量就要翻一番。这还只是国内需求，国际市场潜力也很大。近年来，国家决定把发展茶产业作为新的经济增长点，作为一项重大战略。我们认为，这是符合国情的科学决策。我们相信，随着一系列措施的落实落地，我国的茶产业一定会兴旺发达，人民群众品茗饮茶一定会形成风尚。

二、“俭”之于生活

陆羽茶道的延伸，“俭”之于生活，之于衣食住行，最根本的就是要弘扬勤俭节约的精神，构建简约适度、绿色低碳的生活方式，反对奢侈浪费和不合理消费。也就是说，除了品茗饮茶，我们寻常生活的各个方面，也都要贯穿“俭”的理念。这与当前比较流行的极简主义的生活理念，有很多共同之处。

勤俭节约，意思是勤劳而节俭，形容工作勤劳，生活节俭，如路遥《平凡的世界》所言：“因而形成了既敢山吃海喝，又能勤俭节约的双重生活方式。”勤俭节约是中国人民的传统美德，是中华民族的优良作风，也是陆羽茶道所倡导的一种理念和精神。小到一个人、一个家庭，大到一个国家、整个世界，要想生存，要想发展，都离不开勤俭节约。可以说，修身、齐家、治国、平天下都离不开勤俭节约。诸葛亮把“静以修身，俭以养德”作为“修身”之道；朱子将“一粥一饭，当思来之不易；半丝半缕，恒念物力维艰”当作“齐家”的训言；毛泽东以“厉行节约，勤俭建国”为

"治国平天下"的基本国策。这里，我们先从修身齐家、衣食住行、日常生活说起。

历史上有许多名言警句，揭示了勤俭节约的哲理。比如，《左传·庄公二十四年》云："俭，德之共也；侈，恶之大也。"《孟子·尽心下》："养心莫善于寡欲。"《荀子·正名》："欲虽不可去，求可节也。"王符《潜夫论·遏利》："贤人志士之于子孙也……贻之以言，弗贻以财。"陶渊明《五柳先生传》："不戚戚于贫贱，不汲汲于富贵。"白居易《草茫茫》："奢者狼藉俭者安，一凶一吉在眼前。"皮日休《六箴序》："穷不忘操，贵不忘道。"欧阳修《五代史伶官传序》："忧劳可以兴国，逸豫可以亡身。"包拯《乞不用赃吏疏》："廉者，民之表也；贪者，民之贼也。"朱熹《自警》："世路无如贪欲险，几人到此误平生。"邵雍《男子吟》："财能使人贪，色能使人嗜，名能使人矜，势能使人倚。四患既都去，岂在尘埃里？"元好问《薛明府去思口号七首（其一）》："能吏寻常见，公廉第一难。"

历史上也有许多谚语，是关于勤俭节约经验教训的总结。比如，"从俭入奢易，从奢入俭难""有钱时摆阔，没钱时挨饿""欲求温饱，勤俭为要""紧紧手，年年有""勤能补拙，省能补贫""思前顾后，吃穿常有""精打细算，油盐不断""粮收万石，也要粗茶淡饭""会吃的吃千顿，不会吃的吃一顿""一粥一饭汗珠换""不当家不知柴米贵""谁爱风流高格调，共怜时世俭梳妆""成物不可损坏""兴家犹如针挑土，败家好似浪淘沙""勤俭永不穷，坐食山也空""成家子，粪如宝；败家子，钱如草”“眼下胡花乱铺张，往后日月空荡荡”“家有万石粮，挥堆不长”等等。

人们的日常生活，最基本的就是衣食住行。如孙中山《民生主义》第三讲：“大家都能各尽各的义务，大家自然可以得衣食住行的四种需要。”衣食住行是人们生活上的基本需要，是人类赖以生存和发展不可或缺的基本内容。改革开放以来，随着经济发展和科技进步，中华民族迎来了从站起来、富起来到强起来的伟大飞跃，发生了翻天覆地的变化。在“衣”的方面，改革开放前，人们的衣着质地低档，颜色和款式单一，现在已经走向中高档和多样化，可谓特色各异、各美其美、琳琅满目。在“食”的方面，人们对食的要求越来越高，在改革开放前人们的生活还不太富裕，只求吃饱；后来人们讲究味道鲜美。随着生活水平的逐步提高，人们对美食的追求也不仅仅只停留在讲究味道和营养上，而更加注重美食给人带来的感受，一道完美的菜品必须色香味俱全，给人一种全新的享受。在“住”的方面，改革开放前，人们的居住条件较差。改革开放初期，样式统一单调的平板房，取代了年久失修、岌岌可危的破旧民居，但住房仍是一个大问题。从20世纪90年代开始，国家开始兴建经济适用房，为中低收入家庭提供了“买得到、住得起”的选择。这种房屋有独立厨房、厕所，质量有保障，小区环境优美，购物交通也方便。如今，居住面积进一步扩大，居住条件有了明显改善，人们居住的选择更多了，有高层住宅区，有复式楼，有花园小区，甚至还有单门独院的特色别墅。住，也成为人们最基本的生活条件。在“行”的方面，改革开放前，城市以步行、自行车和公共汽车为主导，现在是小汽车的天下。到2019年底，北京市机动车保有量为六百多万辆，私人汽车近五百万辆。高铁、航运的高速发展，给人们远距离出行带来了极大的方便，城市与城市之间的距离大大缩短。这一切，都是我们党领导人民艰苦奋斗取得的伟大成就。

这是历史的进步，值得充分肯定，而且还要继续推动发展，大力提高发展质量和效益，更好满足人民日益增长的美好生活需要。同时，我们也要看到，随着我国国力的增强和人民生活的改善，有些人把勤俭节约的优良传统丢掉了。君不见，当前社会上超越现实、盲目攀比的畸形消费；斗富摆阔、一掷千金的奢靡消费；过度包装、极度美化的蓄意浪费；"长明灯""长流水"的随意浪费等现象比比皆是、不胜枚举。国外奢侈品商店，清一色中国人，而且不问价格，见名牌就买。2018年我们中的先生到法国参加一个国际会议，在卢浮宫见到的中国人不是很多，大都是冲着"三宝"或"三个女人"（爱神、自由女神、蒙娜丽莎）去的，拍个照就走人。而老佛爷商店，黑压压一片，基本上都是中国人，LV包专卖店，排队的长龙"清一色"中国人，有的人一买就是十多个包，就像买萝卜白菜一样，令人惊奇。可以说，这种消费是很不正常的。

在新时代，如何使国人践行陆羽茶道中"俭"的理念，弘扬俭德精神呢？如何处理好追求美好生活与勤俭节约、生产与消费、人与自然的关系呢？我们认为，就是要构建简约适度、绿色低碳的生活方式，这是摆在我们面前的现实任务和历史使命。

因为涉及生活方式问题，我们想简要介绍一下这方面的研究。

我国的生活方式研究，兴起于改革开放初期。党的十一届三中全会确定把全党工作的着重点转移到社会主义现代化建设上来之后，一些学者就提出了生活方式研究课题，指出社会主义现代化建设，要把中国人获得良好生活方式置于战略层面加以考量，避免西方现代化进程中出现的“人的困境”。1984年党的十二届三中全会指出：“在创立充满生机和活力的社会主义的经济体制的同时，要努力在全社会形成适应现代生产力和社会进步要求的、文明的、健康的、科学的生活方式。”（《中共中央关于经济体制改革的决定》）这一重要论述唤起了生活方式研究的热潮，学界对生活方式的研究取得了不小成绩，但未引起持续关注。主要原因是，改革开放初期我们主要是解决物质匮乏的基本生计问题，对“怎样生活才是好的”问题的回答缺少现实的物质前提。在其后伴随市场经济出现的物质主义潮流面前，倡导生活自身价值的生活方式研究，其声音则显得微弱。从学科建设的自身原因看，20世纪90年代中期以后，西方实证主义、实用主义学科体系在我国影响增强，使具有人文价值倾向的生活方式研究走向边缘。

近年来，对极简主义生活的研究，成为一个热门话题。极简主义生活是对自由的再定义，简约即是身心舒适，一般表现为环境简洁，物质俭节，事业专注，爱情专一，社交简单，语言简短，突出了“俭”和“简”的价值理念。也有人提出了简单美好生活的十八条法则：精简圈子、专注百分之十、日行一善、日扔“一物”、人生清单、求缺惜福、控制情绪、学会不说、适时拒绝、好好睡觉、独处修身、热爱读书、适当运动、早睡早起、常常感恩、当下即是、空杯心态、心生光明。“空杯心态”正是禅宗茶道的理念。这对我们研究陆羽茶道的核心理念“俭”和“简”之于生活，具有借鉴意义。

经过长期努力，中国特色社会主义进入了新时代。随着人民生活从短缺到温饱再到总体上实现小康，对“怎样生活才是好的”价值追问也有了群众基础。党的十九大明确提出，我国社会主要矛盾已经转化为人民日益增长的美好生活需要和不平衡不充分的发展之间的矛盾，并决定采取一系列重大举措，从经济、政治、文化、社会和生态等多方面，不断增强对人民美好生活的供给，充分体现了我们党全心全意为人民服务的根本宗旨。

需要指出的是，“生活”的主体是一个个具体的人，人们的生活需要、价值体认和利用生活资源的方式各不相同，因此，创造美好生活除了需要完善社会支持系统、全面优化人们的生活资源供给条件外，还需要在全社会营造良好的生活方式，发挥生活方式效益，从而把美好生活的社会建构和每个人的自我建构有机结合起来。而从我国现实的社会生态来看，相对于社会供给条件，主体的生活文明素质则显得相对滞后。应该说，生活方式的建构恰恰同生活主体文明素质的提升密切相关。从新时代更宏大的视野看，在党的领导下十四亿人民建构自身美好生活的努力，必将汇聚成实现中华民族伟大复兴的强大内生动力。

我们要建设的现代化是人与自然和谐共生的现代化，既要创造更多物质财富和精神财富以满足人民日益增长的美好生活需要，也要提供更多优质生态产品以满足人民日益增长的优美生态环境需要。必须坚持节约优先、保护优先、自然恢复为主的方针，形成节约资源和保护环境的空间格局、产业结构、生产方式、生活方式，还自然以宁静、和谐、美丽，倡导简约适度、绿色低碳的生活方式，反对奢侈浪费和不合理消费。

美好生活何以可能？这是一个古老而又全新的问题。美好生活固然需要用劳动来创造，但也需要理性地选择和充满智慧地去把握。换句话说，无论是从个体还是社会的尺度上看，选择生活方式都是至关重要的。从一个民族历史发展的角度来看，能否合理地选择其不同时代的生活方式，体现了一个民族的文明程度和生活智慧。比如，古希腊哲学家苏格拉底认为不经检视的生活是不值得过的，而经得起检视的生活应该是善的生活。古罗马哲学家塞涅卡认为，幸福的生活是顺应自身本性的生活。我国古代儒家思想认为，人们对理想生活的选择必须合乎某种道德规范的要求。经过近代社会新的文明、特别是文艺复兴运动后的思想启蒙和技术文明的洗礼、影响和塑造，人类开始在注重社会生活选择和个体生活选择的两个方面加以拓展，产生了各种或好或坏，或节俭或丰饶，或时尚或过度，或现代或后现代的多样化生活方式。

从生活文明和美好生活创造的发展规律来说，生活方式的理性选择应秉承和遵循三个原则：一是“生活的生产”的原则，这是马克思主义的生活和生产互动理论的集中体现，为此我们在选择生活方式时必须将日常生活实践置于个体、社会和国家的关系中加以把握，并且立足新时代中国特色社会主义的国情、用可持续发展的眼光来安排和处理生活选择问题；二是“以人民为中心”的原则，把实现平衡和充分的发展当成工作重点；三是“时代精神的原则”，按照新时代的精神去建设美好生活，同时将国家治理的智能化、智慧化的技术特色反映进去。

简约适度、绿色低碳的生活方式，注重生活形式上的简洁明快、生活态度上的天人和谐，正得到越来越多人的认同。这一生活理念一经与我国优秀传统文化中的崇尚节俭、天人合一的生活理念，特别是陆羽茶道中的俭德精神相结合，就返本开新出一种极具时代内涵的、值得在新的时代背景下高度提倡的国民生活方式。简约适度、绿色低碳生活方式的精髓，就是在“大道至简”的智慧中形成人与自然和谐共生的活法，并由此形成契合美丽中国建设的生活结构和生活秩序。

简约适度、绿色低碳的生活方式是一种顺应人类和自然发展规律、体现新的时代特征的生活态度。人类只有遵循自然规律，才能有效防止在开发利用自然上走弯路。党的十八大以来，党中央推进生态文明建设决心之大、力度之大、成效之大前所未有，坚决向污染宣战，相继实施大气、水、土壤污染防治三大行动计划，解决了一批重大环境问题，重大生态保护和修复工程进展顺利，生态环境治理明显加强，环境状况得到改善，美丽中国建设驶入快车道。也要看到，目前我国环境形势依然严峻，建设生态文明是一个长期的过程，任重而道远。而数字化、网络化和智能化的快速发展，为我们真正实现简约适度、绿色低碳的生活方式提供了有利条件。

说一千道一万，“俭”之于生活，对简约适度、绿色低碳生活方式的倡导，最终要落到生活生产各个环节，服务美丽中国建设和中华民族伟大复兴中国梦的实现。坚持节约优先、保护优先、自然恢复为主的方针，形成节约资源和保护环境的空间格局、产业结构、生产方式、生活方式。推进资源全面节约和循环利用，实施国家节水行动，降低能耗、物耗，实现生产系统和生活系统循环链接。继续倡导和实施全民绿色教育行动，深入阐释人与自然作为生命共同体的生态哲学意义，引导人们自觉地尊重自然、顺应自然和保护自然。提倡多样化的绿色低碳生活行动，开展创建节约型机关、绿色家庭、绿色学校、绿色社区和绿色出行等行动。以社会主义生态文明观，推动形成人与自然和谐发展现代化建设新格局。在衣食住行上既要与个人收入水平相适应，又要与社会的整个消费状态相协调，反对奢侈浪费和不合理消费，反对“土豪”“炫富”“摆阔”等现象。

三、“俭”之于社会

陆羽茶道的延伸，“俭”之于社会，最根本的就是要始终坚持艰苦奋斗、勤俭办一切事业的方针，始终牢记我国还是发展中国家，始终牢记我国还处于社会主义初级阶段，这是我们想问题、搞建设、抓工作的根本出发点。即使我们建成了社会主义现代化国家，甚至是社会主义现代化强国，我们仍然要坚持这一方针，仍然要保持这种优良传统和作风。这是陆羽茶道“俭”的理念在更大领域、更深层次的实践。

“历览前贤国与家，成由勤俭败由奢”。一千多年前，唐代大诗人李商隐就对家国兴衰的原因作了深刻阐释。而从古到今，“成由勤俭败由奢”的例子举不胜举，唐玄宗李隆基堪称典型例证。李隆基登位之初，胸怀大志，励精图治，开创了中国封建历史上的鼎盛时期“开元盛世”。当时的中国，已成为世界经济和文化中心。然而，在成功面前，李隆基没有汲取隋朝灭亡的教训，贪图安逸，不思进取，终日沉溺于酒色。“一骑红尘妃子笑，无人知是荔枝来”，就是当时唐朝宫廷腐朽糜烂生活的真实写照。也正是这些原因，直接导致了“安史之乱”，使唐朝从“开元盛世”逐渐走向衰亡，李隆基也因此成为诗人李商隐笔下的“腐败”典型。

无数事实证明，勤俭节约是治国安邦的动力源泉，奢侈浪费是走向没落的开端。也正因为如此，我们党作为中国人民和中华民族的先锋队，自诞生之日起，就把“成由勤俭败由奢”当成警钟，毛泽东同志等老一辈无产阶级革命家大力提倡和精心培育艰苦奋斗、勤俭节约精神，使之成为我们党的优良传统和作风。我们党正是凭借艰苦奋斗战胜了国内外敌人，取得了新民主主义革命的伟大胜利。中华人民共和国成立以后，毛泽东同志又把艰苦奋斗提高到艰苦创业、勤俭建国的高度，确定为一项基本国策，并且身体力行，率先垂范，长期坚持。实践证明，艰苦创业、勤俭建国是毛泽东同志等老一辈无产阶级革命家留给我们的传家宝。

进入改革开放新时期，我们党又把艰苦创业作为社会主义初级阶段基本路线的重要内容。在社会主义初级阶段，我们党的中心任务是解放和发展生产力。艰苦创业是解放和发展生产力的必要条件，离开艰苦创业，便无法解放和发展生产力。我们要坚持党的基本路线一百年不动摇，不言而喻，坚持艰苦创业精神也要一百年不动摇。同时，我们也要认识到，艰苦创业、勤俭建国的精神不是凝固的雕塑，而是奔腾的江河，其生命力在于不断汇入时代内涵。今天，如果把这种精神简单地理解为穿草鞋、吃忆苦饭，那是无知。事实上，艰苦创业、勤俭建国是顽强拼搏的革命精神与实事求是的科学态度的有机结合，是一心为公的奉献精神与讲求效益的经济思想的有机结合，是倡俭崇实的工作作风与勇于创新不断开拓进取的有机结合，一句话，是“俭”的理念在社会建设领域的贯彻。我们要高度重视、加倍珍惜艰苦创业、勤俭建国这个传家宝，把它一代一代传下去，并不断发扬光大。

进入中国特色社会主义新时代，党中央治国理政、加强党的建设，也正是从坚持和发扬艰苦奋斗、勤俭建国精神切入的；加强作风建设，也正是沿着以优良党风凝聚党心民心、带动政风民风的思路进行的。党的十八大刚闭幕，党中央就出台了八项规定，着力整治包括享乐主义和奢靡之风在内的“四风”问题。自此，党中央以踏石留印、抓铁有痕的劲头狠抓作风建设，一个环节一个环节抓，一个节点一个节点抓，推动党风政风为之一新，党心民心为之大振。面向未来，在作风建设上，我们要深化认识，持续努力，久久为功。

1. 我们要深刻认识到作风建设的极端重要性。党的作风就是党的形象，关系人心向背，关系党的生死存亡。执政党如果不注重作风建设，听任不正之风侵蚀党的肌体，就有失去民心、丧失政权的危险。推动改革发展事业，关键在党，关键在广大党员干部要有优良作风。什么是优良作风？优良作风就是我们党历来坚持的理论联系实际、密切联系群众、批评和自我批评以及艰苦奋斗、勤俭办一切事业等作风。在革命、建设、改革长期实践中，我们党始终要求全党同志坚持光荣传统、发扬优良作风，为党和人民事业不断从胜利走向胜利提供了重要保障。

越是改革开放，越是发展社会主义市场经济，越是长期执政，党内形形色色的作风问题越是突出，我们越是要加强作风教育和作风建设。历史和现实都告诉我们，抓作风问题这根弦松不得，一松就可能出问题，久而久之还可能出大问题。应当看到，党的十八大前一个时期，作风问题在党内确实相当严重，已经到了非抓不可的时候，不抓不行了。党内脱离群众的现象大量存在，一些问题还相当严重，集中表现在形式主义、官僚主义、享乐主义和奢靡之风这“四风”上。

“伤其十指，不如断其一指。”党中央在谋划党的群众路线教育实践活动时提出，这次活动的重点是促使全党更好执行党的群众路线，而当前影响执行党的群众路线的要害是作风问题，必须突出改进作风这个主题。而作风又有很多方面，需要进一步聚焦，党中央就聚焦到形式主义、官僚主义、享乐主义和奢靡之风这些群众反映强烈的突出问题上。党中央明确提出以反“四风”为突破口，以点带面，不搞面面俱到，打到了七寸。为什么要聚焦到“四风”上呢？因为这“四风”是违背我们党的性质和宗旨的，是当前群众深恶痛绝、反映极强烈的问题，也是损害党群干群关系的重要根源。党内存在的其他问题都与这“四风”有关，或者说是这“四风”衍生出来的。“四风”问题解决好了，党内其他一些问题解决起来也就有了更好条件。党的十八大之后，中央政治局首先抓改进工作作风，也是这个考虑。从中央带头执行八项规定到全党开展教育实践活动，重点解决“四风”方面存在的问题，并不是说存在的问题仅限于此，还有不少突出矛盾和深层次问题，但如果连“四风”问题都解决不了，又谈何解决全部问题？党中央抓整治“四风”就是起徙木立信的作用，抓就真抓，一抓到底。要知道，抓改进工作作风，各项工作都很重要，但最根本的是要坚持和发扬艰苦奋斗精神。能不能坚守艰苦奋斗精神，是关系党和人民事业兴衰成败的大事。

2. 我们要深刻认识到“四风”问题的表现及危害。比如，在享乐主义方面，主要是精神懈怠、不思进取，追名逐利、贪图享受，讲究排场、玩风盛行。在奢靡之风方面，主要是铺张浪费、挥霍无度、大兴土木、节庆泛滥、生活奢华、骄奢淫逸，甚至以权谋私、腐化堕落。享乐主义实质是革命意志衰退、奋斗精神消减，根源是世界观、人生观、价值观不正确，拈轻怕重，贪图安逸，追求感官享受。奢靡之风实质是剥削阶级思想和腐朽生活方式的反映，根源是思想堕落、物欲膨胀、灯红酒绿，纸醉金迷。“四风”的后果，就是浪费了有限资源，延误了各项工作，疏远了人民群众，败坏了党风政风，最终会严重损害党的先进性和纯洁性，严重损害党的执政基础和执政地位。

3. 我们要深刻认识到解决“四风”问题要抓住主要矛盾。比如，反对享乐主义，要着重克服及时行乐思想和特权现象，教育引导党员、干部牢记“两个务必”，克己奉公，勤政廉政，保持昂扬向上、奋发有为的精神状态。反对奢靡之风，要着重狠刹挥霍享乐和骄奢淫逸的不良风气，教育引导党员、干部坚守节约光荣、浪费可耻的思想观念，做到艰苦朴素、精打细算，勤俭办一切事情。解决“四风”问题，要从实际出发，抓住主要矛盾，什么问题突出就着重解决什么问题，什么问题紧迫就抓紧解决什么问题，找准靶子，有的放矢，务求实效。

4. 我们要深刻认识到解决“四风”问题要坚持标本兼治。治标，就是要着力针对面上“四风”问题的各种表现，该纠正的纠正，该禁止的禁止。治本，就是要查找产生问题的深层次原因，从理想信念、工作程序、体制机制等方面下工夫抑制不正之风。各地区各部门“四风”问题表现不尽相同，有的形式主义、官僚主义突出一点，有的享乐主义、奢靡之风突出一点，什么问题突出就着力解决什么问题。抓制度，要把握共性要求，研究个性特点，注重体现作风建设要求，体现广大群众意愿，确保形成的制度行得通、指导力强、能长期管用。要加强对党员、干部特别是领导干部的教育，让大家都明白哪些事能做、哪些事不能做，哪些事该这样做、哪些事该那样做，自觉按原则、按规矩办事。作风建设和全面深化改革息息相关。许多问题，看起来是风气问题，往深处剖析又往往是体制机制问题。要鼓励基层大胆探索实践，努力取得有利于从根本上解决问题、形成长效化体制机制的创新成果。从严治党从治理“四风”起步，也要从治理“四风”延伸。各级党组织要认真按党章办事，把对党组织的管理和监督、对党员干部特别是领导干部的管理和监督、对党内政治生活的管理和监督在标准上严格起来，在内容上系统起来，在措施上完善起来，在环节上衔接起来，做到不漏人、不缺项、不掉链，使存在的问题能及时发现，发现的问题能及时解决，解决一个问题能举一反三、触类旁通。

5. 我们要深刻认识到中央抓作风建设的鲜明特点。主要包括：一是突出重点，抓住要害和关键，点准穴位，打准靶子；二是从中央做起，坚持领导带头、以上率下，层层立标杆、作示范；三是见事见人，既抓思想引导又抓行为规范，不搞形式、不放空炮；四是上下互动，强化组织管理和群众监督，形成强大势场；五是执纪问责，严肃查处和曝光典型案件，形成高压态势，形成严的标准和氛围；六是驰而不息，一环扣一环抓，不间断抓，努力形成长效机制；等等。这一切，为我们加强新时代党的作风建设积累了宝贵经验，必须长期坚持并不断丰富和发展。

6. 我们要深刻认识到“四风”问题具有多样性、变异性、顽固性、反复性以及容易反弹回潮的特性，牢牢把握加强党的作风建设的规律。一是党的作风建设是一个由浅入深、由表及里的过程，既要解决显性问题，又要解决隐性问题；既要解决表层问题，也要解决深层问题；既要解决原发问题，也要解决变异问题，既要解决突出问题，又要建立长效机制；既要解决“不敢”的问题，又要解决“不能”“不想”的问题。二是党的作风建设是一个步步为营、持续加强的过程，特别要坚决防止作风问题反弹回潮、死灰复燃，坚决防止紧一阵、松一阵。否则，不仅会前功尽弃，而且会带来更大的问题，动摇我们党的执政根基。三是作风建设是一个不断解决问题、积小胜为大胜的过程，老问题解决了，又会冒出新问题，当新问题成为老问题后，还会冒出更新的问题，不可能一劳永逸，必须常抓不懈。这就决定了作风建设既是攻坚战，又是持久战；既要经常抓，又要长期抓；一句话，作风建设永远在路上，永远没有休止符，必须持续努力、久久为功。

以上是就党的作风建设而言的。在社会层面，党的十八大以来，中央一直强调，要坚持勤俭办一切事业的方针，建设节约型社会。早在2014年5月，中宣部、国家发改委就发出通知，对开展节俭养德、全民节约行动作出全面部署。主流媒体为此还专门发表评论员文章，提出我们要积极行动起来，坚持勤俭办一切事业的方针，把全民节约行动落实到工作生活的方方面面。

倡导勤俭节约是现实的需要。近年来，我国经济总量逐年增加，但按十四亿人口平均，仅列世界六十位左右。资源禀赋也先天不足，人均耕地占有量是世界平均水平的百分之四十三，淡水是百分之二十八，经济社会发展与人口、资源、环境之间的矛盾日渐突出。特别是当前，我国工业化、城镇化、农业现代化方兴未艾，能源资源需求还将保持刚性增长，奢侈浪费的状况如不及时遏止，将会加剧资源环境矛盾。从这个角度看，在困难年代倡导的勤俭节约，当前依然具有重要的现实意义，值得而且必须继续坚持。

倡导勤俭节约更是时代的要求。我国经济发展正在进入提质增效的“第二季”。目前，我国主要工业产品能耗比国外先进水平高十到二十个百分点，这说明要想达到提质增效的目标，就要将勤俭节约的理念融入生产、流通、消费等各个领域，大力推行节约型生产方式、发展低耗能产业、提倡绿色生活。可见，要想赢得经济持续健康发展的美好未来，同样需要勤俭节约的精神支撑。

为此，政府部门应加强顶层设计，加快完善节能减排、促进节约的各项制度；媒体要旗帜鲜明地反对浪费，强化公民节俭观念；广大群众要从我做起，身体力行勤俭节约。只有人人都树立起勤俭节约的意识，才能让节俭养德真正成为全民行动，进而有效释放节俭的“红利”，推动经济社会健康发展，最终实现“两个一百年”的奋斗目标。

四、“俭”之于政治

陆羽茶道的进一步延伸，“俭”之于政治，根本的就是要建设廉政文化。廉政文化，是人们关于廉洁从政的思想、信仰、知识、行为规范和与之相适应的生活方式和社会评价，从根本上反映着一个阶级、一个政党的执政理念、执政目的和执政方式，是廉洁从政行为在文化和观念上的客观反映。廉政文化的内涵是从政的思想和道德、从政的社会文化氛围、从政人员的职业道德和社会公德。

展开来说，廉政文化有四个基本范畴：一是指廉洁从政的思想道德要求，作用于执政者的内心世界，形成廉洁从政的文化动力；二是指在全社会营造良好的廉洁从政的文化氛围，形成以廉为荣、以贪为耻的社会风尚，用健康向上、追求清廉的文化充实人们的精神世界；三是指各职业阶层的从业人员恪守职业道德、爱岗敬业、廉洁自律、奉公守法的职业文化；四是广大人民群众追求公平正义、安定有序、诚信友爱的社会境界在心理上的文化反映。

廉政文化的中国式表达，一个字就是“廉”，与“茶性俭”“茶事性俭”“茶人性俭”的“俭”是相通的，在我国有着非常悠久的历史传统，是中华民族优秀传统文化的重要组成部分。展开中国政治思想史，我们可以发现，廉政文化在中华文明史上源远流长。《周礼》就曾经提出，对官员的考核有六廉，即廉善、廉能、廉敬、廉政、廉法、廉辨，意思是说一个官员必须具备善良、能干、敬业、公正、守法、明辨等基本品格，六个方面均以“廉”为冠。根据欧阳修的《廉耻论》，公正清廉，乃“士君子之大节”，也就是说清廉是官员必备的重要政治品德。《荀子·君道》曰：“贪利者退，而廉节者起。”《史记·儒林列传》云：“其治官民皆有廉节，称其好学。”明朝的郭允礼撰写《官箴》，系统而明确地提出了“吏不畏吾严而畏吾廉，民不服吾能而服吾公；公则吏不敢慢，廉则民不敢欺。公生明，廉生威”，成为对“公廉”的经典阐释，对中华廉政文化的丰富和发展产生了重要影响。博大精深的中华文化本身就是一座丰富的廉政文化资源宝库，文化作为一种软实力，在廉政建设中具有独特作用。廉政建设只有注入文化的基因之后，才会赢得恒久的生命。今天，我们在自豪地对待这份“文化遗产”的同时，应积极萃取古代廉政文化的精华，将其转化为我们党在新时代执政的重要基石和有力支撑。

我们党成为执政党以来，党的历届中央领导集体从巩固党的执政地位和实现党的历史使命出发，围绕为中国人民谋幸福、为中华民族谋复兴，创立和发展了中国特色廉政文化理论，赋予了廉政文化崭新内涵，形成了社会主义廉政文化。这种文化是在充分吸收借鉴古今中外一切优秀廉政文化成果、深刻总结我们党长期以来反腐倡廉经验的基础上形成的，是我们党立党为公、执政为民的执政理念在文化形态上的反映，是我们党执政实践的进步和提升，是建设社会主义先进文化的重要内容。

社会主义先进文化是一个开放的体系，具有与时俱进的文化品格，善于吸收人类文明的一切优秀成果，包括国内外执政党加强廉政建设的成果，坚持不断创新，不断丰富，始终保持自己的先进性。廉政文化建设，是社会主义先进文化建设理论和思想在廉政建设领域的运用和发展，是社会主义先进文化本质要求和前进方向在廉政建设方面的体现和反映。廉政文化建设的精神实质，就是引导全党牢固树立中国特色的社会主义理想，牢记全心全意为人民服务的宗旨，树立正确的世界观、人生观、价值观，增强执政为民的自觉意识，不断提高执政能力和执政水平，增强拒腐防变和抵御风险的能力。

廉政文化建设的核心价值观，是为民、务实、清廉。为民，就是把广大人民群众的利益视为最高利益，时刻想着群众，一切为了群众。务实，就是要认真研究中国特色社会主义建设中执政党廉洁从政的规律，坚持立党为公，开拓进取，勤奋工作，务求工作实效。清廉，就是要保持我们党艰苦奋斗的优良传统，保持共产党员的优秀品德和高尚情操，廉洁奉公，廉洁从政。这一价值观，顺应了时代发展要求，反映了广大人民群众的意愿，代表着社会主义先进文化的本质要求和前进方向。

在这里，我们要特别强调廉政文化的创新发展问题，因为今天我们建设的廉政文化，毕竟不同于古代的“清官文化”，需要赋予其新的内涵和时代特征。首先，廉政文化建设是建设社会主义先进文化的重要内容。加强廉政文化建设是培育和践行社会主义核心价值观的重要组成部分，廉政文化建设的根基打牢了，才能对全社会产生巨大的引领作用，推动社会主义核心价值观融入社会发展各方面，转化为人们的情感认同和行为习惯。其次，加强廉政文化建设是全面提升我国文化软实力的重大课题。有人说，美国靠“三片”影响全世界，即好莱坞大片、麦当劳薯片、英特尔芯片。实际上，“三片”附着的就是文化的强大渗透力和影响力。当今时代，随着世界多极化、经济全球化深入发展，围绕综合国力的全方位竞争更趋激烈，文化已经被视为国家核心竞争力的重要因素，提高文化软实力已经成为许多国家的重要发展战略。对于仍处于重要战略机遇期的中国来说，加强廉政文化建设已经成为提高国家文化软实力的重要内容，成为实现中华民族伟大复兴的重要任务，这是时代赋予廉政文化建设的崭新意义。第三，“清官文化”的历史局限性，很重要的一点就在于它过分依附于个人的品质和道德，不具有普遍性和稳定性。今天的廉政文化建设要克服这一弊端，必须与制度建设相得益彰。我们知道，廉政文化一旦形成和固化，其所表现出来的道德约束力，更具有根本性、全局性、稳定性和长期性。

我们还是回到《茶经》，回到陆羽茶道，回到俭德精神，来谈论廉政文化建设。《茶经》中以茶养廉的历史人物，均为“高官”或帝王，他们平日饮食“茗菜而已”，招待贵客“宴唯茶果”，甚至身后亦求如此，尽显为官之廉、家风之严。他们的故事，既老又新。所谓“老”，穿越时空两千多年；所谓“新”，于现实有很强的针对性。今天，我们弘扬陆羽茶道，就是应该将俭德精神传承下去。因为陆羽茶道、俭德精神对于我国现代廉政文化建设，具有不可多得的现实意义和价值，对于促进社会公平正义，形成有效的社会治理、良好的社会秩序，具有极大的推动作用。作为中华优秀传统文化，陆羽茶道、俭德精神蕴含的思想观念、人文精神、道德规范，具有独树一帜的道德感染功效和德育教化功能，对于我国公职人员及社会其他成员的廉洁思想养成意义重大，我们应当发挥它的特殊作用和应有价值。

一个时期以来，把茶文化建设和廉政文化建设结合起来推进，即茶廉文化建设在中华大地已成方兴未艾之势。2011年4月6日人民网以《“茶”与“廉”面面观》为题，对湖南省古丈县探索“以茶促廉”的理论基础和实践方法进行了报道。在此前后，有关茶廉文化建设的信息如雨后春笋般见诸媒体。比如，江西资溪县建立“以竹咏廉、以茶颂廉”的文化宣传长廊；河南信阳建有清风茶馆，以“茶”与“廉”为主题；陕西西乡将茶的“俭、洁、清、醒”之性与廉洁从政的要求联系起来，定期举办“清风颂”“茶乡放歌”廉政文艺演出；湖北宜昌夷陵区建立“茶风源”，展示《茶风赋》、茶廉十图等，宣扬“品茶当涤贪欲，从政当扬廉风”；湖北竹溪县开展“茶廉”格言、警句征集活动，组织创作弘扬传统美德的茶歌、茶舞、茶戏、茶画等，“让‘茶廉’之树落地生根”；四川蒲江县依托茶产业和乡村旅游，围绕“八德”——孝、悌、忠、信、礼、义、廉、耻，深度挖掘“茶礼”文化，建设“人生如茶”廉洁文化教育基地；山东新泰市石莱镇依托“良心谷”茶产业生态示范园，把茶禅、茶韵、茶品、茶德、茶俭、茶廉、茶风融入廉政文化建设中，形成以茶说事、以茶传情、以茶育人的茶廉平台，等等。由此可见，一些地方对“廉洁文化+茶”模式的探索，已形成新时代茶文化建设的新特点。“廉洁文化+茶”模式，作为新时代加强党风廉政建设的新探索，作为面向社会公众、倡导廉洁自律的新途径，作为以德养廉、以文化人的新载体，需要随着实践的发展不断丰富完善。“品茶品味品人生”，加强茶廉文化建设任重道远。在这个过程中，我们一定要防止形式主义，不能让茶廉清风变质变味，正所谓：不忘俭德初心，才得廉洁始终。

综上所述，陆羽茶道的当代意义，从“俭”的维度看，“俭”之于品饮，最根本的就是要回归茶的本来意义，让茶走进千家万户；“俭”之于生活，最根本的就是要弘扬勤俭节约精神，建构简约适度、绿色低碳的生活方式；“俭”之于社会，最根本的就是要始终坚持艰苦奋斗、勤俭办一切事业的方针，坚决反对享乐主义和奢靡之风；“俭”之于政治，最根本的就是要建设廉政文化，培育和践行清正廉洁的价值观。在中国特色社会主义新时代，我们既要大力倡导品茗饮茶的良好风尚，更要大力弘扬陆羽茶道，践行“俭”“精”“雅”“乐”与“和”的价值理念，坚持创造性转化、创新性发展，不断铸就中华文化新辉煌！

拾

第十讲

茶的时代

黄道周草书
王铎草书
王羲之草书茶字
敦煌俗字
汉简茶字
毛体
米芾行书
苏轼行书
柳体楷书
欧阳修楷书
颜体楷书
邓石如隶书
金农隶书
马王堆帛书茶字
《说文解字》茶字
篆书茶字

各种字体的“茶”“茶”书法。

茶，源自中国，盛行世界，既是全球同享的健康饮品，也是承载历史和文化的“中国名片”。在中国茶文化史上，陆羽所著《茶经》，以及所创造的一套茶学、茶艺、茶道，是一个划时代的标志，也就是说，《茶经》开启了一个茶的时代。随着中国特色社会主义进入新时代，随着我国社会主要矛盾的转化，随着创新、协调、绿色、开放、共享的新发展理念的贯彻，随着质量强国、品牌强国、健康中国和乡村振兴等战略的实施，茶也进入了一个新的时代。我们要认识新时代、把握新时代、奋斗新时代。

一、时代特征

党的十八大以来，中国特色社会主义进入新时代，这就意味着近代以来久经磨难的中华民族迎来了从站起来、富起来到强起来的伟大飞跃，迎来了实现中华民族伟大复兴的光明前景。这个新时代，是承前启后、继往开来、在新的历史条件下继续夺取中国特色社会主义伟大胜利的时代，是决胜全面建成小康社会、进而全面建设社会主义现代化强国的时代，是全国各族人民团结奋斗、不断创造美好生活、逐步实现全体人民共同富裕的时代，是全体中华儿女戮力同心、奋力实现中华民族伟大复兴中国梦的时代，是我国不断为人类作出更大贡献的时代。这是我国发展新的历史方位。

中国特色社会主义新时代，我国社会主要矛盾已经转化为人民日益增长的美好生活需要和不平衡不充分的发展之间的矛盾。我们要始终坚持以人民为中心的发展思想，在继续推动发展的基础上，着力解决好发展不平衡不充分问题，大力提升发展质量和效益，更好满足人民在经济、政治、文化、社会、生态等方面日益增长的需要，更好推动人的全面发展、社会全面进步。必须认识到，我国社会主要矛盾的变化，没有改变我们对我国社会主义所处历史阶段的判断，我国仍处于并将长期处于社会主义初级阶段的基本国情没有变，我国是世界最大发展中国家的国际地位没有变，要牢牢把握社会主义初级阶段这个基本国情，牢牢立足社会主义初级阶段这个最大实际，牢牢坚持党的基本路线这个党和国家的生命线、人民的幸福线，以经济建设为中心，坚持四项基本原则，坚持改革开放，自力更生，艰苦创业，为把我国建设成为富强民主文明和谐美丽的社会主义现代化强国而奋斗。

在中国特色社会主义新时代，把握新发展阶段，贯彻新发展理念，建设现代化经济体系；深化供给侧结构性改革，提高供给体系质量，增强我国经济质量优势；建设创新型国家，建立以企业为主体、市场为导向、产学研深度融合的技术创新体系；按照产业兴旺、生态家居、乡风文明等要求，推进农业农村现代化；构建以国内大循环为主体、国内国际双循环相互促进的新发展格局；坚持节约优先、保护优先、自然恢复为主的方针，形成节约资源和保护环境的空间格局、产业结构、生产方式、生活方式，还自然以宁静、和谐、美丽；挖掘中华优秀传统文化蕴含的思想观念、人文精神、道德规范，推动社会主义文化繁荣兴盛，等等，都对茶文化、茶产业、茶科技的发展，提出了新的更高的要求。首当其冲的是，茶的生产方式和消费方式等，正在和将继续发生一系列重大而深刻的转变，主要表现在以下四个方面：

一是发展方式由高速度增长转向高质量发展。茶是世界三大饮品之一，全球产茶国和地区达六十多个，饮茶人口超过二十亿。改革开放以来，我国的茶产业得到了快速发展，表现为增长速度加快，茶叶产量和消费总量一直位居世界第一，质量也有了新的提高。但是，正如我们前面讲过的，我国是一个人口大国，人均消费量，目前只排在世界第六位，特别是质量还有很大的提升空间。茶的新时代，一方面，我们要根据国际国内市场的需求，继续提高茶叶的产量，保持“茶叶大国”的地位；另一方面，更为重要的是，我们要丰富茶叶的品种，提高茶叶的品质，打造茶叶的品牌，建设“茶叶强国”，做大做优做强茶产业，实现高速度增长和高质量发展齐头并进。

二是生产方式由外延型增长转向内涵型增长。目前，我国的茶叶生产，是手工作坊和现代工厂并行，提高产量、提升质量，很大程度上是通过扩大种植面积、增加劳动投入来实现的，方式仍然比较陈旧、比较粗放，是一种外延型增长。茶的新时代，我们要把提高产量、提升质量，转变到主要依靠科技进步、创新驱动上来，实现内涵型增长。应该说，茶科技涉及茶叶种植、加工和流通等各个环节，每个环节都需要增加科技含量、推动科技创新。我们要做好茶科技这篇大文章，加快推进茶叶关键核心技术攻关，促进科技成果转化运用，让科技为茶产业赋能。

三是消费方式由注重物质消费转向注重健康消费和精神消费。百姓开门七件事，柴米油盐酱醋茶。一直以来，很多老百姓都是把茶作为一种单纯的生活物质来消费的，他们也知道，茶能带来身体健康、精神愉悦，就像盐一样，但对茶的认识，可能就停留在这个层面。茶的新时代，人民日益增长的美好生活需要，不仅有物质方面的需要，而且还有健康方面的需要、精神方面的需要，而茶是可以满足这三个方面需要的，我们可以通过提高茶的品质、普及茶的知识、推广茶的文化，不断满足人民日益增长的美好饮茶生活的需要，进而推动茶文化、茶产业、茶科技的发展。

四是消费模式由趋同型消费转向个性化消费。我国的茶叶，虽然有六大种类，也有不少品牌，但相对十四亿消费者，仍然显得比较单一，人们的选择余地仍然比较小。要知道，人们对茶叶的消费是有差异的，不同区域、不同气候条件、不同年龄、不同身体状况、不同性格特点、不同兴趣爱好、不同文化背景等，对茶叶品质、饮茶方式的需求是不一样的。特别是全面小康社会的建成，人民生活水平的提高，这种个性化需求会越来越强烈。茶的新时代，我们就是要适应消费者需求的变化，不断丰富茶的品种、提高茶的品质、增加茶的文化元素，这也是茶的一场新的革命。

二、时代要求

“茶”的新时代，一个突出特点，就是以习近平同志为核心的党中央对振兴茶产业、弘扬茶文化的高度重视。

2020年5月21日，是联合国确定的首个“国际茶日”。国家主席习近平向“国际茶日”系列活动致信表示热烈祝贺。他指出：茶起源于中国，盛行于世界。联合国设立“国际茶日”，体现了国际社会对茶叶价值的认可与重视，对振兴茶产业、弘扬茶文化很有意义。作为茶叶生产和消费大国，中国愿同各方一道，推动全球茶产业持续健康发展，深化茶文化交融互鉴，让更多的人知茶、爱茶，共品茶香茶韵，共享美好生活。[①]这就进一步提出了推动茶产业持续健康发展的要求。

茶产业是关乎人民美好生活的重要民生产业，对巩固和拓展脱贫攻坚成果、推动乡村产业振兴、弘扬中华优秀传统文化具有重要意义。近年来，我国茶产业快速发展，产量和消费总量居世界首位，但也存在部分地区无序扩张、茶产品开发利用不够、科技创新能力不强、文化内涵挖掘不深等突出问题，亟须加强引导、加大扶持，促进茶产业健康发展。

2021年9月7日，农业农村部、国家市场监督管理总局、中华全国供销合作总社下发《关于促进茶产业健康发展的指导意见》（农产发〔2021〕3号。以下简称《意见》），提出了促进茶产业健康发展的指导思想、基本原则、总体目标和主要措施。

（一）指导思想

以习近平新时代中国特色社会主义思想为指导，全面贯彻党

① 新华社北京2020年5月21日电：《习近平致信祝贺首个“国际茶日”》，《人民日报》2020年5月22日。

的十九大和十九届二中、三中、四中、五中全会精神，立足新发展阶段，贯彻新发展理念，构建新发展格局，围绕推动茶产业健康发展，统筹茶文化、茶产业、茶科技，贯通产加销、融合农文旅，加快品种培优、品质提升、品牌打造和标准化生产，提高茶产业链供应链现代化水平，打造茶产业全产业链，拓展茶产业多种功能，提高茶产业质量效益、竞争力和可持续发展能力，为全面推进乡村振兴、加快农业农村现代化提供有力支撑。

（二）基本原则

创新驱动、提升质量。推动政产学研用协同创新，促进技术创新、装备创制、文化创意，为茶产业发展提供新动能。强化茶农、茶企、茶商质量安全主体责任，健全质量安全检验检测体系、产品追溯体系和监管制度，提升质量安全水平。

生态优先、绿色发展。树牢绿水青山就是金山银山理念，建设绿色生态茶园，推广绿色生产加工技术，生产绿色有机产品，引导绿色消费。

融合发展、联农带农。推动茶产业与文化、旅游、教育、康养等产业渗透融合，培育新产业新业态新模式。完善利益联结机制，把全产业链增值收益、就业岗位更多留给茶农。

政府引导、市场主导。发挥政府规划引领和资源统筹作用，引导资金、技术、人才等要素向优势区集中。发挥市场在资源配置中的决定作用，推动产业效益最大化和效率最优化。

（三）总体目标

到2025年，茶园面积稳定在现有水平，茶产业科技贡献率达百分之六十五；干毛茶总产值达到三千五百亿元，茶叶出口额达到二十五亿美元，培育若干个年销售额超二十亿元的大型现代茶产业企业集团；茶科技水平大幅提升，茶文化大力弘扬，一二三产业深度融合，茶产业高质量发展格局基本形成。

（四）主要措施

一是建设绿色生态茶园

优化生产区域布局。坚持适区适种、适品适种，引导各茶区调整优化产业布局，科学划定绿茶、红茶、乌龙茶、黑茶、白茶等主要茶品生产优势区。在长江流域优势区，特别是南岭以北、长江以南，重点发展绿茶，兼顾发展黑茶；在浙南、闽南、闽北及粤东等优势区，重点发展乌龙茶、白茶；在滇西滇南、黔中黔东南及桂西南等优势区，重点发展红茶、特种茶和绿茶。引导高纬度、高坡度非适种区逐步退出茶叶种植。禁止在生态脆弱地区发展茶产业，严禁违规占用永久基本农田建设茶园。

提升茶园生产能力。推广优良无性系良种和加工专用品种，提高茶园良种率和专用化水平。推进老茶园淘汰、低产茶园改造和新建茶园提质，完善田间道路、蓄排设施、电力设备等配套设施设备。促进农机农艺深度融合，提高茶园管理智能化和采摘机械化水平。支持并规范社会化服务企业、农民合作社开展统一农资供应、统一病虫害防控、统一施肥修剪等专业服务。

推广绿色技术模式。深入开展化肥、农药使用量零增长行动，加强茶园土壤治理，在优势区选择一批重点县开展茶园有机肥替代化肥试点，推广应用配方施肥、肥水一体化等关键技术。建设一批统防统治与绿色防控融合示范茶园，推广生物防治、物理防治等绿色防控技术，减少使用化学农药。

二是打造现代加工体系

提升初加工水平。科学布局茶叶初加工中心，加强初制茶厂改造与加工环境整治。加大茶叶初加工机械购置补贴力度，将茶叶初加工成套设备纳入农机新产品补贴试点范围，推进茶叶初加工设施装备更新升级，引导家庭农场、农民合作社、茶企、社会化服务组织等购置杀青机、揉捻机、理条机、色选机、炒（烘）干机等初茶叶加工机械。改善茶叶仓储保鲜设施条件，提高分等分级、产品包装等商品化处理能力。

开发精深加工产品。支持加工企业新建或改造茶叶精深加工生产线，提高加工品质和生产效率。引导加工企业开发抹茶、茶菜肴、新式茶饮、含茶食品、调味茶、保健品、化妆品等精深加工产品，满足多样化消费需求。研发推广夏秋茶高效加工技术，提取茶多酚、茶多糖、茶色素等功能成分，推进茶产品深度开发，拓展茶产品功能用途。

发展综合利用加工。推进茶枝、茶花、茶籽、茶渣等副产物回收利用，利用超微粉碎、超临界萃取、生物发酵等技术，开发茶花粉、茶籽油等食品（含保健食品），以及基料、肥料、新型材料、清洁燃料等新产品，变废为宝、化害为利。

三是构建商贸流通网络

培育创响知名品牌。各茶区要整合现有品牌，打造地域特色鲜明、产品特性突出的区域公用品牌，完善授权、监管、保护等品牌管理制度，加大历史名茶品牌保护力度，扩大市场影响力。创响企业品牌和产品品牌，支持茶企找准产品定位，优化包装设计，丰富品牌内涵，加大营销推介，提升市场知名度和社会影响力。

积极拓展营销渠道。引导各茶区与大型批发市场、零售市场、专卖店、物流配送中心对接，创新发展线下销售渠道。结合实施"互联网+"农产品出村进城工程，利用网络、数据、技术等现代要素，建立新型线上销售体系，推动营销渠道网络化。鼓励发展直供销售、会员定制、门店体验、直播带货等新业态，推进消费模式转变。

建设区域交易中心。依托大型茶叶交易市场，完善展示展销、仓储物流、电子结算等设施，实现物流集散、价格形成、科技交流、会展贸易等多种功能，打造基础设施完善、信息功能齐全、交易方式多样的区域交易中心。引导各茶区针对特色品种和稀缺产品，探索建立产地市场价格监测体系，及时发布监测信息，正确引导生产、流通和消费。

四是提高要素支撑能力

强化科学技术支撑。鼓励科研机构和企业联合开展茶树种质资源保护和新品种培育，建设一批区域性无性系良种苗木繁育基地。促进科研单位、推广机构和龙头企业合作，集中攻关高效栽培、品质识别、绿色防治、灾害防控等关键技术，研发推广茶园整理、茶树修剪、高效植保、机械采摘、精深加工等先进装备，集成推广一批先进适用的技术模式。

健全产业标准体系。按照“有标贯标、缺标补标、低标提标”的原则，完善产地环境、品种种苗、投入品管控、产品加工、分等分级、储运保鲜、包装标识、物流运输等关键环节标准的制修订，加强产业计量测试体系建设，推进建设布局合理、指标科学、协调配套的全产业链茶产业标准体系。

加强人才队伍建设。指导各茶区成立专家顾问团，为茶产业发展提供智力支持。支持科研人员以科技成果入股茶企，建立健全科研人员校企、院企共建双聘机制。加强茶产业推广技术人才培养，举办茶加工职业技能大赛，建设一批应用技术实训基地。引导各类主体在茶产业全链条创业创新，引入现代管理、经营理念、业态模式，培育一批茶产业领军人才、技术团队和企业家。

五是促进产业深度融合

培育壮大融合主体。支持茶企同业整合、兼并重组，推动股份制改造、建立现代企业制度和上市融资，打造一批竞争力强、市场占有率高的茶产业领军企业。鼓励发展大型茶企牵头，合作社、家庭农场跟进，茶农积极参与的茶产业化联合体，加强产销衔接和利益联结。

促进全链条融合。引导各茶区统筹协调茶产业各环节各主体建设茶全产业链重点链和典型县。推广“龙头企业+合作社+生产基地”等经营模式，完善产业链上中下游联结机制，形成“链主”企业带动，育种育苗、生产基地、仓储设施、加工流通等各环节经营主体有机衔接、分工协作、协调配合的全产业链发展格局。

推动茶文旅融合。开发“茶旅+民宿”“茶旅+研学”“茶旅＋康养”等茶文旅融合新业态，打造茶旅精品线路、精品园区和特色小镇。深入挖掘中国茶文化丰富内涵和深刻精髓，办好“国际茶日”等主题活动，传承好茶艺、茶理、茶道等非物质文化遗产，讲好中国茶文化故事，展示中国茶文化的独特魅力，促进茶文化传播和走出去。

六是强化引导监管服务

加强组织领导。茶叶主产省（自治区、直辖市）要制定促进茶产业健康发展的总体规划或指导意见，推动建立省级领导担任茶全产业链“链长”的推进机制，优化区域和结构布局，延长产业链，打造供应链，提升价值链，促进茶产业健康、有序发展。农业农村部门要会同市场监管、供销合作等部门，建立协调推进机制，加强业务指导、政策扶持、市场监管、示范带动和宣传推介等工作，促进茶产业科学规范发展。

加强政策支持。统筹优势特色产业集群、现代农业产业园、农业产业强镇和农产品产地冷藏保鲜设施建设等项目资金，积极支持茶产业发展。支持茶企优先申报国家和省级农业产业化重点龙头企业。鼓励银行业金融机构创新“茶叶贷”“茶叶保”“茶叶担”等金融产品，对符合条件的茶产业经营主体予以必要的信贷保险支持。按照保障和规范农村一二三产业融合发展用地政策要求，满足茶区加工仓储、展示销售、文化体验等主体用地需求。

加强市场监管。严格落实食品生产经营许可和备案制度，严格市场准入。规范生产经营主体的市场行为，加强产品包装标识管理，完善鲜叶产地来源等标识内容。依法打击非法生产、不符合食品安全标准、假冒伪劣、虚假违法广告等违法行为，依法查处不按规定明码标价、串通涨价、哄抬价格、价格欺诈等违法行为。加强市场秩序维护，排查“山头茶”“年份茶”“特效茶”“特种茶”“非卖品”“品鉴品”“办事茶”“送礼茶”等非法营销和炒作乱象，以组织约谈、书面警告、限期整改、行政处罚等措施予以整治。对涉及反映党员干部和公职人员问题的，及时移交纪检监察机关处理。

加强行业自律。发挥茶叶科研、流通、文化等行业协会作用，定期发布市场交易指导价格，促进市场合理定价，不组织、不参与虚假炒作和高价炒作。引导会员单位履行社会责任，诚实守信经营，自觉抵制过度包装、恶意炒作，理性开展市场宣传和营销。支持茶叶行业协会建立统一的茶叶产品追溯系统，将生产、加工、流通信息全部纳入追溯管理，实现全程监管，阳光消费。

推动脱贫地区茶产业提档升级。以茶产业为主导产业的脱贫地区，要结合实际编制本地区“十四五”茶产业高质量发展规划，引导茶产业健康有序发展。中央财政衔接推进乡村振兴补助资金和脱贫县财政涉农整合资金，要加大对茶产业的支持力度，推动茶产业转型升级。建立茶产业技术顾问制度，实施脱贫地区农技推广特聘计划。引导大型茶企到脱贫地区建设生产基地和加工车间，与茶农建立股权式、分红式、契约式利益联结机制。

营造良好氛围。充分运用传统媒体和微信、微博、客户端等新媒体，向大众科学普及茶的营养、储藏等知识，推动茶产品进学校、进社区、进家庭，引导理性绿色消费。多角度、全方位、立体式宣传茶产业发展成效，推介一批诚实守信守法的茶产业经营主体，推广一批先进的茶产业发展典型模式，引导形成茶产业健康发展的良好氛围。①

这是贯彻落实习近平总书记关于振兴茶产业、弘扬茶文化一系列重要指示精神的实际行动，是对新时代促进茶产业健康发展的全面部署，也是对各级党委和政府以及广大茶企、茶农和茶人的明确要求。

三、时代重任

茶的新时代要有新作为。围绕人民日益增长的美好生活需要，统筹做好茶文化、茶产业、茶科技这篇大文章，是习近平总书记的号召，是新时代赋予我们的重任。做好茶文化的大文章，就是要深入挖掘陆羽茶道和中国茶文化蕴含的思想观念、人文精神、道德规范，结合时代要求继承创新，让茶文化展现出永久魅力和时代风采；做好茶产业的大文章，就是要把茶产业真正作为关系国计民生的重要产业，作为物质文明与生态文明建设相结合的优先产业，不断提高产量、提高质量、提高效益；做好茶科技的大文章，就是要

① 见《中华人民共和国农业农村部公报》，2021年第10期。

坚持茶科技自立自强，加快推进关键核心技术攻关，让科技为茶产业赋能。特别是“茶”的新时代需要茶文化的引领，需要回归茶文化的本来意义，这就需要深入挖掘陆羽茶道蕴含的核心理念，结合时代需要，不断丰富发展。

近几年来，全国各地认真贯彻落实习近平总书记的指示精神，推动茶文化、茶产业、茶科技一体发展。我们的家乡、茶圣陆羽故里天门市就提出了打造“中国茶都”的战略构想，并征求各方面的意见，一批专家学者纷纷建言献策。其中，萧孔斌先生认为，旅游业是促进地方经济发展，促进美丽乡村建设，促进人民生活质量提高的重要支点。充分利用天门独特的陆羽资源，发展陆羽茶文化旅游业，是把天门建成城市美、产业强、生态好、民生优的现代化宜居宜业城市的战略选择。为此，萧孔斌先生建议，抓好“三园”建设，促进陆羽茶文化旅游业的发展。

萧先生提出，所谓“三园”，就是天门城区的陆羽故里园、佛子山镇的火门山观光体验茶园、干驿镇的东冈文化旅游产业园。陆羽故里园，就是要建成世界茶文化的旅游中心，成为世界茶人谒拜茶圣陆羽的朝圣点，世界茶人观光旅游的闪光点，成为湖北省4A景区。火门山观光体验茶园，就是要以茶叶种植和生产为基础，经过有效整合，把茶叶生产、观光采摘、科技示范、茶文化展示、茶产品销售和休闲旅游度假融为一体，建成综合性生态茶叶观光园。火门山书院是陆羽拜师求学的地方，陆羽在这里伏首攻读达五年之久。东冈文化旅游产业园，就是要充分挖掘干驿的文化资源，建设荆楚旅游观光重镇，激活干驿经济、建设美丽乡村、招引天下来客、再现古镇雄风。东冈草堂是陆羽潜心研究茶学的地方，是孕育《茶经》的“摇篮”，陆羽隐居东冈草堂整整三年。

萧先生认为，从陆羽故园到东冈文化旅游产业园，经石家河文化遗址，再到火门山观光体验茶园，就会成为中国乃至世界的一条旅游热线，大量游客的涌入，将会给天门的发展带来无限生机。

萧先生还对抓好“三园”建设，提出了一些具体建议。我们是完全赞同萧先生这些建议的。在萧先生建议的基础上，我们还提出了“一校”“两中心”的设想。

“一校”，就是要兴办中国第一所陆羽茶学院，成为茶文化、茶产业、茶科技的人才培养基地。具体说，就是要把现有的天门职业技术学院改造为陆羽茶学院，引进茶人才，强化茶专业，加强与中国茶叶公司等企业和知名农业院校的合作，使其成为一所特色鲜明的茶学院。作为“中国茶都”，如果没有这样一所高等学府，其品质将大打折扣。

“两中心”，就是要建设国际陆羽茶文化交流中心和国际茶产品交易中心，搭建两大平台。国际陆羽茶文化交流中心，就是要在现有天门市陆羽研究会的基础上，成立一个全国性的陆羽茶文化研究机构，定期或不定期举办文化交流活动，将天门作为永久会址。国际茶产品交易中心，就是要在现有茶叶交易中心的基础上，采取线上和线下相结合的方式，不断扩大交易量，努力建成全国乃至世界规模最大的茶叶、茶产品交易平台之一。如果没有这“两中心”，对于茶叶产量不大且无名茶的天门来说，建设“中国茶都”，就有可能是无源之水、无本之木。

我们就“一校”“两中心”设想，也与萧先生交流过，他表示完全赞同。这样，“一校”“两中心”“三园”（也就是“一、二、三”的“中国茶都”构想）就成为一个整体。我们希望，作为茶圣陆羽故里，天门市应该也完全能够在贯彻落实习近平总书记重要指示精神，统筹做好茶文化、茶产业、茶科技这篇大文章方面，走在全国前列、作出示范，展示时代风采；作为茶圣陆羽故里人，我们也愿意为学习、研究、宣传陆羽和《茶经》、弘扬陆羽茶道，为家乡“中国茶都”建设，为国家茶文化、茶产业、茶科技繁荣发展，作出自己的贡献，这就是我们的陆羽情怀、家国情怀！

传统家具里的茶器摆设。广州发呱画店水粉外销画《清末家具陈设画册》，19世纪初绘制。

附录：陆羽年谱[①]

关于陆羽的生年，后世有公元728年、729年、733年等说法，一般根据《自传》最后一句倒推为733年。陆羽的卒年，《新唐书》的记载为“贞元末”，也有804年、805年之争，丁克行先生曾详加考证，认为是贞元二十一年（805）年冬天，葬于浙江省湖州市南门外九公里的金盖山南端下菰城（一说是湖北省天门市）。

围绕陆羽的史料极其丰富，近年来仍时有发现。按照陆羽生卒年为733—805年的说法，综合周靖民、朱自振、欧阳勋、熊源祺、周志刚等先生的研究史料，列出陆羽年谱如下：

唐玄宗开元二十一年（733），一岁

出生于复州竟陵，即今湖北省天门市。

开元二十三年（735），三岁

被遗弃于竟陵城西湖水滨，龙盖寺主持智积禅师拾归，抚养于寺院中。（编撰者注：“遗弃说”的主要依据是，《自传》有“陆子名羽，字鸿渐，不知何许人”“始三岁，惸露，育于大师积公之禅院”；《陆羽传》也有“羽，字鸿渐，不知所生。初，竟陵

① 来自胡德盛：《天门县东乡史考》，崇文书局有限公司2021年版。个别字词有修订。

禅师智积得婴儿于水滨，育为弟子”。但这并不能推断陆羽是被遗弃的，只能说明不知道陆羽的父母是谁，以及智积禅师是在西湖水滨得到陆羽的，是他人在水滨送给智积禅师的，还是智积禅师在水滨捡到的，《自传》和《陆羽传》并没有具体说明。从上下文推断，如果说陆羽为孤儿，为好心人送给智积禅师养育，应该更为可信）。稍长，积公让他祈祷占卦，根据《周易·渐卦》的系辞给他定为陆姓，名羽，字鸿渐；又教他识字，念诵佛经。耳濡目染僧徒们煮茶、品茶，尝试操作，对茶产生兴趣。

开元二十九年（741），九岁

积公亲自教他写作和佛法。偷偷自学一些儒家著作，执意研习儒学，被罚做苦役。

天宝元年（742），十岁

不堪受屈和责打，逃离寺院，流落江汉一带，被杂戏班收留，学会表演滑稽戏，创作《谑谈》剧本三篇。积公找到他，同意他学习儒家经典，劝他不再演戏。他没有听从。（胡德盛先生引周志刚先生注：陆羽逃离寺院具体时间无考，其流浪生活应该度过数年）

天宝五载（746），十四岁

竟陵郡举行乡饮酒礼，受邀表演戏剧，时被贬为竟陵太守的李齐物得见，赞叹不已，赠予诗集。（胡德盛先生自注：唐玄宗天宝三年，玄宗皇帝以国势强盛、功比尧舜，且有除周复唐、拨乱反正之功，故以《尔雅·释天》“夏曰岁，周曰年，唐虞曰载”为据，改“年”为“载”，沿用至肃宗至德三载方复“载”归“年”，故公元744—758年称“载”不称“年”）

天宝六载（747），十五岁

在李齐物的推荐和资助下，到火门山拜邹坤夫子为师，学问精进。

天宝十一载（752），二十岁

崔国辅被贬为竟陵司马，与陆羽一见如故，结下厚谊，有酬唱诗歌合集流传于当时。

天宝十三载（754），二十二岁

远行考察茶事，临行受崔国辅赠送乌帮和文函。到过义阳（今河南信阳一带）和巴山峡川（今四川东部直到湖北西部的长江两岸地区），见到特大的古茶树。

天宝十四载（755），二十三岁

秋，回到竟陵，崔国辅已经离开竟陵（或说“枉死贬所”，待考）。结庐于乾镇驿东冈，自号“东冈子”，整理考察记录，酝酿撰写《茶经》。

[编撰者注：童正祥先生经过考证认为，天宝十一载（752），陆羽结束了火门山学堂的学习，就远离县城隐居于东冈岭。其间，他相继考察过随州、申州、光州等地，整理考察记录，直到天宝十四载（755），整整三年。因东冈地处水驿之滨，方便外出考察，亦便于与崔国辅游处；又因环境安静，宜于整理出游所得，即整理品茶评水资料甚至实物样本。被学者称之为笔记体的“茶记”，正是源于此段时间。因此，从这层意义上讲，东冈草堂可被誉为“孕育《茶经》的摇篮”。编撰者倾向童正祥先生的结论]

天宝十五载、唐肃宗至德元载（756），二十四岁

夏，安禄山叛军进逼长安，玄宗逃往四川。悲愤之下作《四悲歌》。加入难民队伍逃到长江以南并顺江东下，先到达鄂州（治所在今武昌），结识刘长卿。行至黄州（今黄冈市）时，听到智积禅师圆寂的消息，不胜悲痛，感念积公养育之恩，作《六羡歌》。

至德二载（757），二十五岁

漂泊到蕲州蕲水县（今浠水县），又分别到过洪州（今南昌市）、江州（今九江市）的今庐山市、彭泽县一带，再迁徙到江苏的延陵县（今江苏丹阳市延陵镇），游历江苏升州（今南京市）、扬州、润州（今镇江市）、常州等地，沿途访问茶区和寺观，采茶品水。在洪州结识柳澹，在润州拜会颜真卿、戴叔伦，在丹阳遇到皇甫冉，都结为知交。

至德三载、乾元元年（758），二十六岁

寄居南京栖霞寺，研究茶事，时常外出采茶。皇甫冉、皇甫曾兄弟频频来访，有诗为纪。

乾元二年（759），二十七岁

旅居丹阳，皇甫曾恰好回到家乡居住，常相往来。

乾元三年、上元元年（760），二十八岁

皎然前往丹阳拜访未遇。秋天，到浙江湖州杼山妙喜寺访皎然，共度重阳节。结庐于湖州苕溪之滨，自称"桑苎翁"，潜心读书，钻研茶道，与皎然结为僧俗忘年之交，切磋经史，研习佛理，饮酒赋诗，交情至深。冬天节度使刘展叛乱，江淮燃起战火，陆羽痛恨战乱，作《天之未明赋》。

上元二年（761），二十九岁

在湖州隐居读书，闭门著述《茶经》并作《自传》传世。

唐代宗宝应元年（762），三十岁

秋，袁晁率众造反，刘长卿送陆羽到镇江丹阳茅山避乱。次年，平定“安史之乱”。

广德二年（764），三十二岁

铸造自创的煮茶风炉，炉脚上铭有“圣唐灭胡明年铸”，以庆祝天下重归太平。

永泰元年（765），三十三岁

《茶经》初稿完成，远近倾慕，竞相抄阅。

永泰二年、大历元年（766），三十四岁

住在湖州，与卢幼平、潘述、李冶（字季兰）、严伯均交好。御史大夫李季卿宣慰江南，到达扬州，召其煮茶。其穿着一如山野村夫，李季卿不能以礼相待，其羞愤难当，改名为“疾”、字“季疵”，又作《毁茶论》。

大历二年（767），三十五岁

向常州刺史李栖筠建议进贡阳羡（今宜兴市）茶，以后阳羡茶成为贡茶。

大历三年（768），三十六岁

春，赴丹阳探望病中的皇甫冉，两人依依不舍，吟诗互赠，竟成永别。赴越州（今绍兴市）一带游历，作《会稽小东山》诗，在剡溪遇到隐士朱放。经婺州（今浙江金华市）的东白山、太白山返回湖州，与皎然等诸友泛舟唱和，送卢幼平离任。

大历五年（770），三十八岁

在湖州，与朱放等人品鉴各地茶品，以顾渚紫笋茶为第一，著《顾渚山记》。给远在京城的国子监祭酒杨绾寄去两片顾渚茶，有《与杨祭酒书》。朝廷此后就在顾渚山设置贡茶院。

大历六年（771），三十九岁

与皎然同游无锡。

大历八年（773），四十一岁

受颜真卿资助在杼山妙喜寺侧建"三癸亭"，颜真卿题匾并有诗记此事。

大历九年（774），四十二岁

颜真卿主编《韵海镜源》，同皎然、肖存等参与编撰，利用大量翻阅文献的机会搜集历代茶事，增补修订《茶经·七之事》。秋八月，张志和来湖州，与陆羽、皎然同唱《渔歌》。

大历十年（775），四十三岁

《茶经》定稿，分为上、中、下三卷。随李纵游览无锡、苏州等地。在吴兴县青塘门外另建新宅，名"青塘别业"，作长住之计。

大历十二年（777），四十五岁

游婺州、睦州（今杭州市淳安），至东阳县探望县令戴叔伦，久别重逢，欣喜异常。颜真卿离开湖州赴京师，陆羽著《吴兴图经》。

唐德宗建中元年（780），四十八岁

居湖州，《茶经》出版。戴叔伦寄诗相酬。探病"女中诗豪"李季兰。

建中三年（782），五十岁

春，游居苏州虎丘，将虎丘山泉评定为“天下第五泉”。主持在山上开凿一井，引水种植出苏州散茶（“碧螺春”前身）。秋，应戴叔伦之请，赴湖南作其幕僚，朋友们云集作别，权德舆在其列，有诗存世。到湖南不久，戴叔伦蒙冤入狱。与权德舆等人多方疏通营救。

贞元元年（785），五十三岁

移居信州（今上饶市）茶山，孟郊有诗题陆羽新开山舍。

贞元二年（786），五十四岁

冬，移居洪州玉芝观，并到庐山考察茶事。

贞元三年（787），五十五岁

正月，戴叔伦赴抚州答辩，冤案得以昭雪。此事前后均有诗赠戴叔伦，以示安慰和鼓励。

贞元四年（788），五十六岁

受裴胄邀请，从洪州赴湖南入幕，权德舆作诗相送。

贞元五年（789），五十七岁

应故人李齐物之子李复之请，由湖南赴岭南节度使（驻今广州市）幕府，经郴州品评园泉水，将其列为“第十八泉”；经过韶州乐昌县（今韶关市乐昌市）泐溪，题名“枢室”二字。在容州（今广西玉林市），与病中戴叔伦相逢。

贞元九年（793），六十一岁

由岭南返回杭州，与灵隐寺道标、宝达大师交往，作《道标传》。

贞元二十一年（805），七十三岁

三月，与同伴一起游湖州金盖山，汲取白云泉，煮茶品茗。冬，逝世于湖州。[胡德盛自注，一说陆羽暮年归隐覆釜洲，卒葬于竟陵。胡和平在《周愿〈三感说〉明证茶圣陆羽晚年归隐卒葬竟陵》一文中，提出贞元十三年（797）四月李复卒，已六十五岁的陆羽才回到竟陵隐居覆釜洲，至贞元末年（804）卒葬于此]

陆鸿渐图。选自东园编《煎茶要览》，1851年日本抄写本。

参考文献

杜斌：《茶经·续茶经》，中华书局2020年版。

陆羽、陆廷灿：《茶经·续茶经》，北京联合出版公司2015年版。

胡德盛：《天门县东乡史考》，崇文书局有限公司2021年版。

唐魁玉：《倡导简约适度、绿色低碳的生活方式》，《光明日报》2018年5月14日。

王雅林：《新时代生活方式的理论构建与创新》，《光明日报》2018年5月14日。

王明哲、梁志刚：《继承和发扬毛泽东倡导的艰苦创业、勤俭建国精神》，《人民网》2004年6月27日。

杨威：《卧龙茶与诸葛亮》，《茶·健康天地》2010年第8期。

陈熙琳：《王者之香，君子之道：中国四大茶道流派渊源》，《中国西部》2010年第10期。

童正祥：《茶性俭，俭以养德——陆羽茶道之俭德精神与当代茶廉文化》《茶圣陆羽杂说》《东冈草堂——孕育〈茶经〉的摇篮》《茶圣轶事》《茶圣〈茶经〉茶路——纪念陆羽诞生1280周年》《西塔古寺与〈茶经〉》《自从陆羽生人间，人间相学事春茶》等。

朱自振：《陆羽著作补遗》，《陆羽研究集刊》1985年第1期。

丁克行：《陆羽卒年和墓地之我见》，《陆羽研究集刊》1986年第1期。

萧孔斌：《一位老年茶人的五点心声》，《陆羽研究集刊》2020年第18期。《抓好三园建设，促进陆羽茶文化旅游业的发展》，《陆羽研究集刊》2021年第19期。

茶器组图。选自酒井忠恒编、松谷山人吉村画《煎茶图式》，1865年绘本。

后记

我们学习、研究、宣传茶圣陆羽和《茶经》，并非专业使然。我和夫人友枝是师兄妹，共同就读于武汉大学哲学系，一个是1980级，一个是1981级，所学的专业是马克思主义哲学，与茶叶、茶文化没有太大关系。回想起来，我们在求学时，甚至都不知道陆羽和《茶经》，真是孤陋寡闻。

同时，也非工作使然。我的职业生涯，一直从事党建工作，同样与茶叶、茶文化没有太大关系。而友枝师妹的大部分工作时间，也在从事党建工作，虽然曾经担任过中国茶叶公司的董事，但主要是履行董事之职，也没有对茶叶、茶文化作过太多研究。

当然，也非一贯兴趣使然。过去，我们也喝点茶，主要是解渴，也想改变一下白开水的颜色和味道，谈不上有多大兴趣。后来，随着见识的增长和生活的改善，特别是到京城工作后，我们喝茶的次数明显增多，也零零星星地接触到一些茶知识、茶文化，慢慢就对茶有了一些兴趣。

打开这扇大门后，我们感到茶学、茶艺、茶道博大精深，我们既无闲暇，也无能力作全面系统学习研究，只能望洋兴叹。

2020年3月，我去职回到京城，利用一个多月时间，整理了自己尚未公开发表的党建文稿，形成了两部文集和专著，交由出版社发表，从而使自己在职期间的党建文稿（《党建十论》《党建实导》《笔耕拾零》《伟大工程》《新时代国有企业党的建设十六讲》五部八册）得以完整呈现。与此同时，我也在思考自己的转型之路。先我一年退休的友枝师妹爱茶，很想对陆羽、《茶经》和茶道有所了解，年前就购买了有关书籍，开始了《茶经》的学习。我回京后，她希望我也能同步学习，甚至先学一步、学深一点，并就其中的疑点难点作些交流。于是，我在整理党建文稿的同时，花了一些时间研读《茶经》。学着学着、聊着聊着，我们就萌生了系统学习研究陆羽、《茶经》和茶道的想法，这也在无意间找到了我们退休后的学习研究方向，就是茶学、茶艺、茶道，甚至还有可能扩展到其他文化领域。

当然，形成这一想法，还有一个重要原因，就是陆羽是我的家乡——湖北天门人。作为世界级名人，陆羽既是中国的骄傲，更是湖北的骄傲、天门的骄傲。作为天门的儿子和儿媳，我们强烈意识到，学习、研究、宣传陆羽和《茶经》，是我们义不容辞的责任和义务。这些年，在我们接触的人群中，知道陆羽和《茶经》的本来就少，而知道陆羽是湖北天门人的，更是少之又少，这与茶圣的崇高地位是极不相称的。中国历史上封“圣”的有三十多位，平均一省一“圣”，如文圣孔子、兵圣孙武、武圣关羽、智圣诸葛亮、谋圣张良、史圣司马迁、书圣王羲之、草圣张旭、画圣吴道子、医圣张仲景、酒圣杜康等。湖北是文化大省，独占三圣，即茶圣陆羽、诗圣杜甫（湖北襄阳人）、药圣李时珍（湖北蕲春人）。我们认为，就其对人类文明发展和人们日常生活的影响而言，茶圣陆羽与文圣孔子应当是一个重量级、一样伟大的人物。而客观现实是，对陆羽的学习、研究和宣传，是远远不够的。对此，天门人有责任，湖北人有责任，中国人也有责任。

在此期间，家乡史氏家族正在续谱，族中长辈嘱我写一序言。我查阅了三个版本的《史氏宗谱》的“序”“说”“启”“志”“记”等，其中有篇序言讲，元末明初江汉平原一带的史氏家族始迁祖兴公，定居在竟陵乾镇驿以北东冈岭的史家岭。就是这个东冈岭，唐天宝十一载至十四载（752—755），陆羽曾结庐隐居于此，撰写了笔记体的“茶记”，在此基础上又写成《茶经》，于是陆羽自号“东冈子”，“东冈草堂”被誉为孕育《茶经》的“摇篮”。而史家岭（现属天门市干驿镇松石湖村），正是我出生和成长的地方。这更是激起了我们学习、研究、宣传陆羽和《茶经》的浓厚兴趣。从4月20日（也就是全民饮茶日）开始，我们就静下心来，学习陆羽、攻读《茶经》，专心学茶品茶，并将学习心得体会记录下来。

随着心得体会的积累，我们就有了出一本书的想法，并将这本书定位为普及性读物，而非学术著作，除了我们的心得体会外，还大量引用一些专家学者的观点和论述。与我已经出版的《党建十论》《党建实导》《笔耕拾零》和正在写作的《阅历十章》等相对应，我们将主书名定为《陆羽十讲》，将内容分为陆羽故里、陆羽生平、《茶经》问世、《茶经》释义（上）、《茶经》释义（下）、核心价值、基本范式、传承发展、当代意义、茶的时代这十讲。需要说明的是，最初我们并没有将《茶经》释义纳入其中，后来考虑到解读的完整性，为给读者以《茶经》全貌，就变成了现在的结构。这样，《茶经》释义与核心价值、基本范式等几讲，就有较多的重复。到6月底，《陆羽十讲》形成初稿。

初稿形成后，我发给了几位研究陆羽和《茶经》的专家学者，如天门籍文化学者甘海斌先生等，听取他们的意见建议。从反馈的情况看，他们对书稿给予了充分肯定。如甘海斌先生7月3日凌晨发来微信说，这是他目前所见的关于陆羽、关于《茶经》、关于茶道较为全面、明晰、深刻、易懂的一部专著，是一部让国人，甚至让世人认识陆羽、理解《茶经》、了解茶道的著作。全著洋洋洒洒十多万字，章节分明，脉络清晰，考据精准，解读深刻，实属不易！我们深知，这是一种希望和鼓励。同时，专家学者们还提出了一些意见和建议，我们照单全收，又用一个多月时间，对初稿进行全面修改和勘校，形成了第二稿。为投石问路，我又将其中的一讲“核心价值”与我研读《书谱》的体会糅合在一起，以《茶道与书道》为题，发表在9月7日《光明网》上，同样引起了良好反响。此后，我们决定，先将书稿放一放、晾一晾，待我们放量阅读后，再取长补短，对稿子作最后修改。

2021年2月下旬，我回老家陪父亲过元宵节，与家乡领导谈及我们正在编撰《陆羽十讲》。干驿镇委书记叶中学先生说，乡友胡德盛先生刚刚出版了《天门县东乡史考》，其中就有大量关于陆羽的考证材料。叶中学先生还送给我这部著作，我如获至宝。随后，我们就与胡德盛先生取得了联系，并于3月16日在武汉登门拜访了胡德盛先生。见面后，我们才知道，他是我远房姑妈的亲侄子，攀起来应该是我们的表弟，真是太有缘了。

在此期间，我还拜访了天门市陆羽研究会名誉会长萧孔斌先生及研究会的其他专家。萧孔斌先生在陆羽研究上有很深的造诣，谈了很多观点和史实，让我深受启发。他还将多年来主持编辑的刊物《陆羽研究集刊》和发表的文章赠送给我，令我十分感动。萧孔斌先生也谈到全国陆羽研究现状堪忧，与陆羽的地位很不相称，希望能成立一个全国性的陆羽研究会，统揽这方面的工作，将陆羽的学习、研究、宣传推向一个新的高度。我深有同感，表示愿意尽绵薄之力，做些具体工作。

回到北京后，我们在通读《天门县东乡史考》的同时，重点研读了其中关于陆羽的章节，感到德盛表弟是下了大功夫、真功夫、深功夫的，书中涉及陆羽的篇幅不是很大，但都持之有据、言之有理，既对有关史料做了大量考证，又吸纳了当代研究的最新成果，哪些史实确凿，哪些史实存疑，德盛表弟都一一道来，表现出严肃认真、严谨细致的治史治学精神。特别是德盛表弟列出了《陆羽年谱》，实为关于陆羽生平的集大成之作，十分难得。以德盛表弟提供的观点和素材为主线，同时借鉴萧孔斌先生等专家学者的研究成果，我们又对《陆羽十讲》书稿特别是“陆羽生平”和“《茶经》问世”这两部分作了修改和订正，到4月20日全民饮茶日才定稿。也就是说，从开始编撰到书稿完成，用了整整一年时间。

接着，我将书稿发给了广东人民出版社的编辑，征求他们的意见，看这本书是否有出版价值。5月下旬，我专程到出版社，当面聆听意见。出版社领导和编辑们对书稿给予了充分肯定，并提出了一些原则意见。此后，书稿就进入到编辑出版程序，大体分两条线进行：一是我们对书稿作进一步修改，并及时告之出版社；二是编辑们按出版要求，对书稿进行编辑校对。因为书稿引用了大量古文，且版本不一，编校的难度是非常大的。11月下旬，出版社将书稿清样和八个方面的商榷意见交给了我们。见到密密麻麻、圈圈点点的样稿，读过言之有理、持之有据的意见，我们被编辑们认真负责、精益求精的精神感动，他们表现出的职业素养和专业水平，令人钦佩。

其间，6月18日，我还将《陆羽十讲》书稿发给泰康保险集团创始人、董事长兼首席执行官陈东升师兄，请他作序。他很快回复，表示很乐意，这令我们倍感荣幸。我揣摩，这一定是看在我们同乡、同学的份上。在坊间，有“天门武大同堂三杰”之说，指的是经济系77级的范恒山师兄、79级的陈东升师兄和哲学系80级的我。“天门”不假，我们都是天门人；“武大同堂”也不假，我与恒山师兄同堂一年半，与东升师兄同堂三年，有的大课还是在一起上的；只是与两位师兄相比，我是称不上“杰”的，两位师兄是天门的骄傲，湖北的骄傲，我是不能和他们相提并论的。恒山师兄是著名经济学家，东升师兄是“92派”发明人和领军人物，创办嘉德拍卖、泰康保险、宅急送三家企业，其中泰康保险跻身世界五百强，是著名的商界领袖、经济学家和社会活动家。既然是同乡、同学，那肯定是要给点面子的。东升师兄的序言，对书稿、对我们，都给予高度评价，这是对我们的鼓励，希望我们把宣传家乡、宣传陆羽、宣传茶文化的工作做好。对此，我们心领神会，也决心不负重托，为家乡经济社会发展，为陆羽茶道发扬光大，作出应有的贡献。

这就是《陆羽十讲》的形成过程。在此，我们真心感谢关心、支持、帮助这本书的编撰和出版的所有亲人和朋友！

史正江

2021年12月

聚会品茗读书图。选自明代程大约编《程氏墨苑》，万历年间滋兰堂刊本。